U0235695

5

主　　编　程景民

副 主 编　李建涛　张持晨　邢菊霞

文　　稿

编　　者（以姓氏笔画为序）

于海清　王　君　王　媛　元　瑾　毛丹卉　卞亚楠　田步伟　史安琪
冯　敏　邢菊霞　师　成　任　怡　刘　灿　刘　俐　刘　楠　刘磊杰
许　策　许　强　李　祎　李欣彤　李建涛　李敏君　李靖宇　吴胜男
张　欣　张持晨　张晓琳　张培芳　武　虹　武众众　范志萍　郑思思
胡家豪　胡婧超　柏敏华　袁璐璐　贾慧敏　徐　佳　郭　丹　郭　佳
高铭江　曹雅君　梁家慧　彭　程　程景民　谭腾飞　熊　妍　潘思静
薛　英　籍　坤

视　　频

制　　片：李海滨

责任编辑：宋铁兵　刘磊杰

摄　　像：李士帅　李志彤　王磊磊

后　　期：杜　鑫　郝　琴

技术统筹：杜晋光

节目统筹：张亚玲

监　　制：郭　晔　王杭生

总 监 制：赵　欣　魏元平　柴洪涛

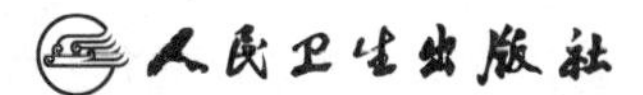
人民卫生出版社

图书在版编目（CIP）数据

舌尖上的安全. 第5册 / 程景民主编. —北京：人民卫生出版社，2018

ISBN 978-7-117-26119-7

Ⅰ. ①舌… Ⅱ. ①程… Ⅲ. ①食品安全－普及读物 Ⅳ. ①TS201.6-49

中国版本图书馆 CIP 数据核字（2018）第 132739 号

舌尖上的安全（第5册）

主　　编： 程景民
出版发行： 人民卫生出版社（中继线 010-59780011）
地　　址： 北京市朝阳区潘家园南里 19 号
邮　　编： 100021
E - mail： pmph @ pmph.com
购书热线： 010-59787592　010-59787584　010-65264830
印　　刷： 北京铭成印刷有限公司
经　　销： 新华书店
开　　本： 710×1000　1/16　　**印张：** 12
字　　数： 190 千字
版　　次： 2018 年 7 月第 1 版　2018 年 7 月第 1 版第 1 次印刷
标准书号： ISBN 978-7-117-26119-7
定　　价： 45.00 元

《舌尖上的安全》

学术委员会

陈利民（山西省卫生和计划生育委员会）
胡先明（山西省健康管理学会）
郝建新（山西省科学技术协会）
梁晓峰（中华预防医学会）
郭丽霞（国家食品安全风险评估中心）
黄永健（山西省食品工业协会）
曾　瑜（中国老年医学会）

第5册

前言

2015年4月，十二届全国人大常委会第十四次会议表决通过了新修订的《食品安全法》。这是依法治国在食品安全领域的具体体现，是国家治理体系和治理能力现代化建设的必然要求。党中央、国务院高度重视食品安全法的修改，提出了最严谨标准、最严格监管、最严厉处罚、最严肃问责的要求。

新的《食品安全法》遵循“预防为主、风险管理、全程控制、社会共治”的原则，推动食品安全社会共治，鼓励消费者、社会组织以及第三方的参与，由此形成社会共治网络体系。新的《食品安全法》增加了食品安全风险交流的条款，明确了风险交流的主体、原则和内容，强调了风险交流不仅仅是信息公开、宣传教育，必须是信息的交流沟通，即双向的交流。

本书以《舌尖上的安全》节目内容为基础，全书由嘉宾与主持人的对话讨论为叙述形式，并借力新媒体技术，通过手机扫描二维码，即可观看《舌尖上的安全》同期节目视频，采用一种图

文并茂、生动活泼的创新手法，在双向的交流中深入浅出地解读食品安全知识。

《舌尖上的安全》在前期的编导及后期的编写工作中得到尊敬的王陇德院士、孙宝国院士、朱蓓薇院士、陈君石院士、吴清平院士、庞国芳院士、钟南山院士、徐建国院士在专业知识方面给予的指导和帮助，谨此对他们致以衷心的感谢。

食品安全涉及诸多学科，相关研究也在不断发展，由于作者知识面和专业水平的限制，书中难免有错漏和不妥之处，敬请专家、读者批评指正。

程景民

2018 年 2 月

目录

蜜粽背后的迷局

粽叶是制作端午节那天所食用的粽子必不可少的材料之一，古代称粽子为："角黍、筒粽"，由粽叶包裹糯米或添加辅料煮制而成。粽叶品种繁多，一般多用芦苇叶、箬叶等，南方一般以箬叶为主，北方以芦苇叶为主。

《本草纲目》中早就有记载，粽叶具有清热止血、解毒消肿、治吐血、下血、小便不利、痈肿等功效。研究证明，箬竹叶多糖物具有抗癌作用。《中药大词典》中也介绍粽叶有清热止血、解毒消肿，治吐血、小便不利、喉痹、痈肿等功用。

粽叶含有大量对人体有益的叶绿素和多种氨基酸等成分，其特殊的防腐作用也是粽子易保存的原因之一，气味芳香，但是我们都知道粽叶是青色的，放置一段时间后，会逐渐变成黄绿色或者黄褐色。经验丰富的老人会将粽叶泡在水中保存，或将其悬挂晾干，待使用时再放到水中浸泡复原，但是这两种做法都无法让粽叶一直保持青绿色。近年来，一些生产粽子的厂家为了保证粽子的"卖相"，在浸泡粽叶的时候向水中添加工业硫酸铜，这样便可以达到使粽叶"返青"的效果。那么使用工业硫酸铜浸泡过的粽叶包出的粽子，人们食用后对身体健康有没有危害？我们该怎么样辨别这问题粽叶，怎样才能在端午节吃到安全放心的粽子呢？我们一块儿去听听程老师的解答。

程老师，您看这端午节快到了，您知道吗？我最喜欢端午节了！

为什么啊？是不是又跟吃有关？

是的！端午节的传统习俗就是要吃粽子，粽子可是我非常喜欢的！思思你喜欢吃粽子吗？

郑思思：我也很喜欢吃粽子。

既然大家这么喜欢吃粽子，那我得考考你们了，为什么端午要吃粽子呢？

郑思思：额……这个……具体还真不太清楚，您赶紧跟我们说说吧。

端午节吃粽子的习俗说来话长，这是为了纪念伟大的爱国诗人屈原，两千多年前的农历五月初五，怀才不遇的屈原，投江自尽。为了不让江中的鱼吃屈原的遗体，人们包了很多粽子投入江中，所以后来就演变成了端午吃粽子的习俗。

原来端午节吃粽子是这么来的啊。程老师您知道吗，现在生活节奏快了，很多人都不在家自制粽子，而是选择从外面买粽子来吃。最近，有网友爆料，他把买回家的粽子煮了煮，一段时间以后，发现煮粽子的水竟然变成了绿色，而且煮粽子的时候弥漫出来的不是粽子的甜香味，而是一股刺鼻的味道！

【网络视频资料】

我前两天在超市买了几个粽子，当时看着特别新鲜，可是回来一煮，闻着特别刺鼻，水也变绿了，绿得瘆人，感觉好像不太对劲，你说这还敢吃吗？

郑思思： 这种粽子应该不能吃吧？

思思说得对，这粽子可千万不能吃，它是有问题的。

我还真看出了点问题，我仔细看了看这粽子的粽叶，经过蒸煮以后那粽叶还是那么嫩绿鲜亮，就跟刚摘下来似的。

郑思思： 是的，这个看起来确实不像是家里包粽子用的那种粽叶，因为正常的粽叶经过蒸煮以后颜色是会变暗的。

你们说的没错，这个粽叶的确是有些问题。消费者在选购粽子时，很多人比较青睐颜值高的粽子，觉得颜色发暗的粽子肯定就不新鲜。这就使得部分不法商贩用一些特殊的方法处理粽叶，使粽叶看起来一直是新鲜嫩绿的，卖相也十分好看。

这种粽叶是不是被染色了呢？

为了让已经失去原色的粽叶返青，一些商家在浸泡粽叶的时候，很可能会采用化学染色手段，加入工业用的硫酸铜（图 1-1），这样原本已经失去原色的粽叶便会立刻呈现鲜绿色。

硫酸铜：是一种白色或灰白色粉末，是制备其他含铜化合物的重要原料。它的结晶水合物俗称明矾，其水溶液呈现出蓝色，主要是用作纺织品的染色剂、农业杀虫剂和水的杀菌剂等。

图 1-1　硫酸铜的概念

郑思思： 这工业用的硫酸铜竟然有这么神奇的效果呢？

没错，自然状态下的粽叶在光、热的作用下，叶绿素降解，粽叶会变成黄色或橄榄褐色，也就是我们常见的黄叶或叫干叶。粽叶的返青加工，就是以硫酸铜、氯化铜等工业原料中的游离铜离子与叶绿素生成金属络合物。

怪不得煮粽子的水是绿色的呢！那么这种拿硫酸铜泡过的粽叶对我们人体又会造成哪些影响呢？

郑思思： 据我所知，硫酸铜这种物质一般多用于农业杀毒和工业防腐，它对人体胃肠道有强烈的刺激作用。

没错，如果用硫酸铜泡过的粽叶包粽子，很容易把附着在上面的硫酸铜渗透到粽子中，然后通过食用进入人体内。一旦食用用这种粽叶包的粽子过量，就会导致我们身体不适，临床上也有过硫酸铜摄入过量导致急性肾衰竭等并发症的情况。

您看看，多吓人！这种粽叶大家以后可得注意了！

思思，我来考考你，你知道什么时候采摘粽叶吗？

郑思思： 这个我知道啊，粽叶的采摘季节在每年的 7 月到 10 月，通常都是在当年的端午节之后了。

对的，也就是说，包粽子用的很多都是上一年产的粽叶，而由于受地域、保存条件、运输等环节影响，很难保证粽叶的颜色长期不变。即使将新鲜粽叶用阴干的办法制成干粽叶，干粽叶的颜色也应该是黄绿色或者黄褐色，而不是鲜绿色或嫩绿色。

也就是说，如果大家自己在家包粽子吃，在选购粽叶的时候一定要小心，干粽叶正常的颜色是黄绿色或者黄褐色，而且您最好不要买那种浸泡后的粽叶，回家自己泡更安全些。

安全提示

选购粽叶，最好选择那些看上去并不是非常鲜艳，闻上去却是新鲜的、没有刺鼻味道的粽叶。

郑思思： 老师，我有个问题想请教您，像我们从外面买来的粽子，有熟的，也有生的，那我们该怎么区分这粽子的粽叶是不是有问题呢？

如果你买的是熟粽子的话，除了看粽叶的颜色，你还可以闻一闻，经过染料浸泡后的青粽叶包成的粽子，闻起来会有一股像硫黄的刺鼻味道；而天然的粽叶包成的粽子，会散发一种清香味。

安全提示

熟粽子粽叶的鉴别方法：一看粽子的颜色；二闻一闻粽子的味道，无刺鼻味道而是清香味，则是安全的粽叶。

这是个好方法，闻一闻，大家可以试一试。

如果你买的粽子是生的话，回家煮的时候一定要留心了，正常煮粽子的水是淡黄色的，但是如果煮粽子的水变成了淡绿色，那么这种粽子很有可能就是问题粽子。还有就是市场上的粽子有的是新鲜的，有的是冷冻的，还有的是真空包装的。新鲜粽子在现在的室温条件中只能保存几个小时，因此，买回家后最好当天食用，否则容易变质。

安全提示

生粽子粽叶的鉴别方法：
煮粽子后水的颜色是淡黄色。
注意新鲜粽子在室温条件中只能保存几个小时，买回家后最好当天食用，否则容易变质。

端午节快要到了，不管您是在家自己包粽子，还是去超市购买成品粽子，都要记住程老师给出的这几点建议，在端午节吃到安全放心的粽子。

5-2

粽爱端午

端午节与春节、清明节、中秋节并称为中国民间的四大传统节日。2006 年 5 月，国务院将其列入首批国家级非物质文化遗产名录；自 2008 年起，端午节被列为国家法定节假日；2009 年 9 月，联合国教科文组织正式审议并批准中国端午节列入世界非物质文化遗产，成为中国首个入选世界非遗的节日。“端午”一词最早出现于西晋名臣周处的《风土记》，这本文献成了现代人们查考端午节等传统节日习俗的重要参考，端午节起源于何时——长期以来众说纷纭，说法不一，争论不休。

自古以来端午节便有划龙舟及食粽子等习俗。粽子是一种粽叶包裹糯米蒸煮食品，是中华民族传统节庆食物之一。起自南方古百越俚人时代，至今已有两千多年历史。自古至今，每年农历五月初，中国百姓家家都要浸糯米、洗粽叶、包粽子，由于各地的饮食习惯不同，粽子形成了南北风味，从馅料看，北方有包小枣的北京枣粽；南方则有豆沙、鲜肉、八宝、火腿、蛋黄等多种馅料。吃粽子的风俗，千百年来，在中国盛行不衰，而且流传到朝鲜、日本及东南亚诸国。2012 年粽子入选纪录片《舌尖上的中国》第二集《主食的故事》系列美食之一。那关于端午节的由来和端午吃粽子该注意什么，我们一起听听程老师是怎么说的。

今天是农历五月初五，是我国一个重要的传统节日。

是的，“五月五，是端阳；门插艾，香满堂；吃粽子，洒白糖；龙舟下水喜洋洋；捉黄鳝，切香肠；咸鸭蛋，喝雄黄；红苋菜，端上堂；钟馗挂梁佩香囊”（图 2-1）。

图 2-1　端午民谣

张晓琳： 老师，有个问题想请教您啊，农历五月初五不是端午节吗？为什么又叫端阳呢？

这个说来话长了，古人纪年通用天干地支，按地支顺序推算，农历的正月开始为寅月，第五个月正是“午月”，而午时又为“阳辰”，所以端午也叫“端阳”。晓琳我来考考你，你知道端午还有什么别的名称吗？

张晓琳： 据我所知，端午节的叫法有二十多种呢，比如龙舟节、诗人节、屈原日、浴兰节等，并且它的由来也多与传说有关。

是的，端午节是我们国家重要的传统节日，至今已有2000多年历史。我们都知道，屈原是春秋时期楚怀王的大臣。他倡导举贤授能，富国强兵，力主联齐抗秦。后来遭谗言去职，被赶出都城，流放到沅、湘流域。

张晓琳： 对啊，我们高中时期学过的《离骚》《天问》《九歌》等不朽诗篇就是他在流放过程中写下的。

据史料记载，屈原在秦军攻破楚国的时候，心里非常悲痛，于五月初五，写下了绝笔作《怀沙》之后，抱石投汨罗江身死，以自己的生命谱写了一曲壮丽的爱国主义乐章。

是的，屈原死后，楚国百姓哀痛异常，纷纷涌到汨罗江边去凭吊屈原。渔夫们划起船只，在江上来回打捞他的尸身，有位渔夫拿出为屈原准备的饭团、鸡蛋等食物丢进江里，说是让鱼龙虾蟹吃饱了，就不会去咬屈大夫的身体了，后来为防止饭团被水中蛟龙所食，人们想出用楝树叶包饭，外缠彩丝的做法，慢慢就演变成了我们现在吃的粽子。以后，每年的五月初五，就有了龙舟竞渡、吃粽子、喝雄黄酒的风俗；以此来纪念爱国诗人屈原。在部分地区也有纪念伍子胥、曹娥等说法。

张晓琳： 关于端午的由来，更多的是纪念说。不论纪念谁，都是一种虔诚、庄重的态度，所以端午要道一声端午安康，而不说端午快乐。

是的，端午节商场里有着各种各样的粽子，各地的粽子总有不同的风味，南北方差异更是较大。那我们在吃粽子的时候，有什么需要注意的吗？

是的，南方的粽子常用红枣、红豆、花生、猪肉、蛋黄等混在糯米中制成；北方的粽子多以枣、果脯等作为粽子的馅心。端午吃粽子，在这里我想给大家提出几点建议：首先，粽子最好不要在早上吃。

确实有不少市民喜欢吃粽子，而且还每天把粽子当作早饭吃。

我们都知道，食物消化从胃到肠，至少需要停留 6 个小时。粽子是糯米做的，本来就不容易消化，一大早就吃粽子，停留在胃里的时间则更长，刺激胃酸分泌，可能导致患有慢性胃病、胃溃疡的人发病。

张晓琳： 没错啊，我记得有一次早上我就吃过一次粽子，那天把我难受的，一整天都感觉胃里不舒服。

吃粽子的时候还要注意，吃粽子前要彻底加热。

这是为什么呢？

糯米是容易变质的食物，加热不充分，很容易发生食物中毒；变凉的粽子过油、过黏，更容易引起消化不良。

安全提示

粽子剥开后如有黏丝，则表示粽子可能放很久不新鲜了，最好别食用。

嗯，这个也是需要大家特别注意的。

吃粽子要适量，不宜多吃：每天吃粽子别超过 50 克，基本上是不超过 1 个。吃多了会消化不良，尤其是有胃肠道疾病的最好少吃，严重的糖尿病患者还是不吃为佳，对于老年人千万不要一下子吃得太多太快，最好分小块慢慢食用。

那还有什么需要注意的问题吗？

吃粽子时还要注意内馅，很多人喜欢吃肉粽。肉粽虽然味道很好，却含有大量脂肪。因此高血脂病人应避免食用，可选择豆沙粽、蜜枣粽和八宝粽等。

张晓琳： 是啊，咱们北方人还是吃甜粽比较多，南方更多的是吃咸粽和肉粽。

糯米升糖指数高，不管是甜粽还是肉粽，糖尿病人都应避免食用。胃肠不好的人也不建议吃粽子，胃酸过多和胃溃疡的人也应当少吃。

安全提示

吃粽子的注意事项：粽子最好不要在早上吃；吃粽子前要彻底加热；吃粽子要适量；吃粽子时要注意内馅；糖尿病病人、胃肠不好的人、胃酸过多和胃溃疡的人应避免食用粽子。

过端午不仅仅是吃粽子的时候，也是一年里鳝鱼肉最嫩、最有营养的时候，所以有“端午黄鳝赛人参”的俗谚。

黄鳝由于口感软滑无刺，一直都是淡水水产中比较受欢迎的一种，尤其是对于孩子和老人来说，是不错的补养品。不过需要提醒的是，黄鳝一定要现杀现烹，鳝鱼体内组氨酸含量较多，鳝鱼死后体内的组氨酸会转变为有毒物质，故所加工的鳝鱼必须是活的。除此之外，不同地区人们在过端午节的时候还会吃一些打糕、鸭蛋、艾馍馍、茶蛋等食物。

安全提示

黄鳝一定要现杀现烹，因为鳝鱼死后体内的组氨酸会转变为有毒的物质。

通过程老师的讲解，相信大家也了解了端午节的由来和端午节吃粽子的注意事项，祝大家端午安康。

5-3

大米背的那些黑锅

大米，是稻谷经清理、砻谷、碾米、成品整理等工序后制成的成品。稻谷的胚与糊粉层中含有近 64% 的稻米营养和 90% 以上人体必需的营养元素，较为均衡，是补充营养素的基础食物，大米中碳水化合物含量为 75% 左右，蛋白质含量为 7%～8%，脂肪含量为 1.3%～1.8%，并且含有丰富的 B 族维生素等。大米中的碳水化合物主要是淀粉，所含的蛋白质主要是米谷蛋白，其次是米胶蛋白和球蛋白，其蛋白质的生物价和氨基酸的构成比例都比小麦、大麦、小米、玉米等禾谷类作物高，消化率 66.8%～83.1%，也是谷类蛋白质中较高的一种。因此，食用大米有较高的营养价值。在我国南方地区人们一般以大米作为主食，而在北方就有很大的不同。

广州市食品药品监管局网站公布了第一季度餐饮食品抽验结果，其中一项结果为 44.4% 的大米及米制品抽检产品发现镉超标；广州市食药监局共抽检 18 个批次，有 8 个批次不合格，湖南省多家国家粮库相关人士投诉称，2009 年深圳市粮食集团有限公司在湖南购买了上万吨食用大米，经深圳质监部门质量标准检验，该批大米质量不合格，重金属含量超标，随后，网上出现了有关大米的几种说法，这些说法到底是谣言还是真相？我们一起去听听程老师是怎么说的。

咱们北方人，尤其是咱们山西人爱吃面食那可以说是远近闻名了，可能是因为我有过一段在南方生活的经历，所以我就比较偏爱吃米饭，觉得特别香。

曹雅君： 主持人我跟你一样，我也喜欢吃米饭，像我周围喜欢吃米饭的朋友也多。

米饭，也有人叫它白饭，是中国乃至东亚、东南亚人民喜爱的一种主食，米饭可与五味调配，几乎可以供给人们全身所需的营养。米饭开始是我们中国南方的主食，现在几乎成了我们每个人日常饮食中的主角之一了。

程老师，听您这么一说，我就更加气愤了。您知道吗？现在竟然有人诬陷大米是垃圾食品！

曹雅君： 这米饭有的人可是几乎天天都吃啊！它怎么能是垃圾食品呢？

你说的没错，今天我们就一起来聊一聊这大米背的三个黑锅。首先第一个，就是有人说米饭根本就没什么营养，只有碳水化合物，还是要多吃肉多吃菜才好。

这个说法可是没什么科学依据的！完整的稻谷含有淀粉、蛋白质、维生素、矿物质及膳食纤维等多种营养成分，可以说含有人体 90% 的必需营养元素，而且各种营养素十

分均衡，可以称得上是最佳主食。说米饭没有营养，这是从何说起呢？

程老师，我注意到您刚才说的是完整的稻谷含有多种营养成分，那我们平常吃的大米属不属于完整的稻谷呢？

是这样的。现代制作成品大米的工艺因为打磨谷粒的技术比古代更加先进，所以咱们老百姓食用的米饭也逐渐从糙米改成了白米，甚至出现无需洗米的净白米，不知道你们有没有注意到，很多人买大米的时候喜欢看颜值，就是要那种白白净净的大米。

曹雅君： 老师，我就属于这种外貌协会，买大米的时候净拣那种白净的大米买，而且总觉得越白的大米质量应该越好，我这种想法是不是有问题啊？

你还真的错了。在我们不断追求这个“白富美”大米的过程中，大米会被过度打磨，因为打磨过于精细，大米的糊粉层就没有了，而糊粉层中含有丰富的B族维生素、膳食纤维，对人们的身体健康特别有好处，这样一来大米的营养价值就会打了折扣。但即使是这样，大米还是有着丰富的营养，绝不是什么垃圾食品。

安全提示

大米中有淀粉、蛋白质、维生素、矿物质及膳食纤维等多种营养成分，可以说含有人体90%的必需营养元素，不是垃圾食品。

您这么一说我们就明白了，说大米没营养纯属谣传。我们接着来说第二个，有人说大米里面有重金属，长期吃的话会导致体内的重金属超标，甚至会中毒，您赶紧给我们说说这到底是怎么回事？

这个说法其实早就开始流传了。这主要是因为70年代的时候，由于北方水资源短缺，所以很多地方就开始利用工业废水灌溉农田，但是污水处理技术却仍旧滞后，很多未经处理的污水被直接用于农田灌溉，致使耕地土壤遭受不同程度的重金属污染。所以很多人在不知情的情况下食用了受污染的大米。

曹雅君： 这么说来，大米里面还真的有重金属啊！

以前的确有这种可能性，但是科技一直在进步，而且国家对水稻的种植环境及各种重金属含量都有严格的监管，我们平常吃到的大米，在进入销售环节之前都会经过严格的检测，所以这种问题我觉得没有必要担心。

安全提示

随着科技的进步以及国家相关部门的监管，不必担心大米里含有重金属的问题。

听您这么一说我们就放心多了，不必再担心自己吃到的大米会有重金属。接下来我给二位说说大米背的第三个黑锅，有人说吃米饭可能会得糖尿病，而且很多糖尿病病人因此都不敢吃大米了！

曹雅君： 没错，我身边就有人自从得了糖尿病以后就不敢吃米饭了，生怕病情会加重。

我们前面讲到过，现在人们越来越追求"精白"大米，因为这样的大米更容易被消化，但是也造成这样一个后果：就是餐后血糖的上升速度也升得比较快。如果没有足够的运动来消耗这些血糖，就容易让身体一直处于餐后的高血糖状态，增加得糖尿病的风险。其实不止米饭，馒头、面条、面包等精加工的食物都会有这种风险存在。

怪不得有的人减肥的时候不吃米饭，说是怕胖，听您这么一说，其实不管米还是面，都是碳水化合物的主要来源，不只是吃米饭会胖。

曹雅君： 我们以前也学过，碳水化合物通俗点说就是糖，只要摄入过量的糖，就有胖的可能。

你俩说的都没错。但是，我要强调的一点是，容易增加糖尿病风险和导致糖尿病可是两码事。糖尿病是由遗传、饮食、环境等多方面原因决定的，并不是吃白米饭就一定会得糖尿病，也不是不吃白米饭就一定不会得糖尿病。总之，不管是变胖还是患糖尿病，更多的是我们平时不良的饮食、生活习惯造成的，这个黑锅可不能让大米来背。

安全提示

要养成良好的生活习惯，均衡饮食。

看来我们今天可以还大米一个清白了！程老师，现在市面上大多都是打磨过的大米，您刚刚也讲了，打磨过于精细的大米不仅营养价值会大打折扣，而且还会造成餐后血糖的上升速度变快，那我们怎么办呢？也不能不吃米饭吧？

不吃米饭肯定不行啊，但是可以注意食用方法。我现在就教给大家吃米饭的两大技巧。首先第一个，粗细搭配。就是把大米和其他粗粮搭配着吃，比如你可以用燕麦、小麦粒、黑米、小米等粗粮替换掉三分之一的白米饭。因为粗粮不仅消化速度普遍比精白米慢，而且膳食纤维多，吃了以后，饱得快、饿得慢。此外，还可以把大米和一些杂豆类搭配起来食用，不仅补充膳食纤维、B族维生素，还可以起到蛋白质互补的作用。

第一个我记住了，吃大米最好搭配一些粗粮，那还有别的吗？

第二个就是要巧搭果蔬。吃米饭的时候可以搭配一些绿色蔬菜，比如西兰花、菠菜、芹菜等富含纤维又耐嚼的蔬菜，注意营养均衡，建立一个健康、合理的饮食结构。

真是不知道，吃大米都这么多门道，程老师为我们提供的建议还是非常健康可取的。

5-4

塑料大米是真的吗？

近年来，有关食品安全的谣言在网上屡禁不止、花样翻新。国家食品药品监督管理总局统计，网络谣言中食品安全信息占 45%，食品安全领域正成为网络谣言的重灾区，造成的损失也非常大。比如，受谣言影响，娃哈哈旗下的营养快线销售损失将近 125 亿；受“塑料紫菜”谣言影响，福建紫菜产业损失近千亿。食品谣言不仅扰乱了百姓的消费判断，损害了行业发展，甚至也影响了我国的国际声誉。

整体来看，食品安全谣言多以四种形式呈现：第一，罔顾事实，凭空捏造所谓的真相；第二，偷换概念，频繁使用“有毒”“致癌”“致死”等刺激性语言，愚弄公众认知；第三，旧闻翻炒，将过去发生的事情掐头去尾、改头换面；第四，戏谑嘲讽，以打趣调侃的方式改变事实描述，在潜移默化中形成消极负面的认知惯性。

近日，一则有关“塑料大米”的视频火爆流传，微信、微博是该视频流传的主要渠道。在这段广为流传的视频中，有人说塑料可以做成大米。一时间，引发社会对食品安全谣言问题的思考与讨论。塑料大米模样跟大米十分相仿，只是比正常的米粒要圆润一些，颜色更白，质感跟塑料十分相似。这“塑料大米“到底是怎么回事呢？难道市场上真的存在用塑料冒充大米的现象吗？我们一块儿去听听专业人士是怎么说的。

大米可以说是我们餐桌上最常见的主食之一了，我们都知道大米产自稻谷当中，可是您见过用塑料做成的大米吗？这用塑料袋就能制成大米的说法，可不是空穴来风，我们带您一起去看看这塑料大米是怎么做成的。

【网络视频资料】

这段长达 1 分 31 秒的无声视频拍摄于一间工厂内，视频当中一名身穿白衣的男子不断将一个个塑料袋放入一台机器内，塑料袋经过熔解、拉丝、切割等工序，最终生产出一粒粒形似大米的白色固体。视频流传的同时还配有一段文字，称这就是“假大米”的制作过程。

这段视频在几天之内就被很多人大量转发，大家也开始担心自己每天吃的大米会不会就是塑料袋制成的，纷纷拿出自家的米来做辨别。这不有人就说了，她家的米还真出事了。

【网络视频资料】

这个是两块一毛钱买的，这个是三块七毛五买的米。我给大家看一下这个米是怎么回事：这个是正宗的米，这个是假的米。你看，这个（假的）一下就压烂了，这个米是塑胶做的。为什么我说它是塑胶做的呢？我昨天吃剩下的饭倒掉以后洗这个碗底下全都是塑胶，怎么洗它都化不掉。

从视频上看，其实我们并不能直观地感觉到有什么不同，只看到米饭煮得有点儿开花，所以很软很黏，那这是不是就能说明这个米是塑料做的呢？

我特别关心的是，谁吃过塑料大米，口感怎样？吞咽时有什么特别之处，吃完以后胃肠有什么感觉，第二天排便情况怎样？据我所知“塑料大米”的故事很久之前就开始流传。从 2011 年开始，类似塑料大米在中国被制造的谣言就越来越多了：

2011 年：国内外社交媒体出现类似塑料大米在中国被制造的谣言。随后，不少网民和专家指出这种所谓的“塑料大米”并非被当做食物。

2015 年：网上出现“塑料大米”的另一个版本“棉花大米”，称有人用烂棉花来制作大米。随后被媒体辟谣称那些所谓的棉花其实是某种塑料或化纤，不会是真棉花，因为棉花熔化以后会像泥巴一样毫无柔韧性，无法拉丝切粒，谣言被击破。

2016 年：尼日利亚海关查获了 102 袋 50kg 装的“塑料大米”，引发全球关注。12 月 30 日，尼日利亚官方公布了沸沸扬扬的“塑料大米”事件的调查结果，结果显示，这些大米并非塑料所制，只是因为大米发生了霉变不能食用。

2017 年：“塑料大米”的谣言再度出现，以前的一些谣言文章、图片和视频也开始在网上不断传播。

安全提示

网络上关于大米的谣言，大家要科学看待。

看来这耸人听闻的“塑料大米”谣言早已不新鲜，只是被好事者一次又一次地拿出来忽悠不知情的消费者。那么视频当中工人使用塑料袋生产出来的疑似大米的物质又会是什么呢？

大家在视频里看到的是一个最基本的塑料造粒的过程。视频当中所用的设备在塑料行业很常见，应该就是一台塑料造粒机，大家可以看一下，这台机器有一个放置废旧塑料的入口，经过加工也会有个“出丝”的过程。工厂把回收来的塑料放入塑料造粒机，生产出塑料颗粒。这些颗粒是再次制作塑料制品的半成品原料，而之所以要做成颗粒状，是为了便于进行储存、运输。

原来这种形似大米的物质是用于工业生产的再生塑料颗粒，那有没有可能是一些黑心商贩为了节约成本拿塑料颗粒来以次充好呢？随后记者了解到，市场上的塑料颗粒其实并不便宜，价格在每千克 8～14 元不等，还有一些可再生塑料颗粒价格更贵，而市场上的大米价格则要普遍低于塑料颗粒的价格。

塑料颗粒大致可以分为 200 多种，如果细分的话有几千种，常见的有通用塑料，工程塑料，特种塑料。通用塑料和工程塑料主要是工业用料，比如聚丙烯、聚乙烯和尼龙、有机硅等等；而特种塑

安全提示

把塑料制成颗粒是为了便于储存和运输，塑料颗粒的价格高于大米的价格。

料主要是一些医用功能的高分子塑料，比如用作人工肾、心脏、血管等等。所以塑料颗粒的价格通常比大米更贵，以盈利为目的的商家，是不可能把塑料颗粒当成大米来售卖的，这可是赔本的买卖。

大家可以看看这个塑料颗粒，乍一看，还真是像极了现在市场上售卖的大米。这主要是因为现在大家对食品的感观性状有很高的要求，导致一些农产品生产企业把大米打磨得特别透亮，看起来晶莹剔透。那么这相似的真假大米究竟该怎么辨别呢？为了一探究竟，栏目记者与太原市食品药品监督管理局的工作人员郭宇来到了位于学府街的山姆士超市。在这家超市内，我们将从市场上买来的塑料颗粒与超市粮油区的散称大米进行了比对试验。

郭　宇： 首先咱们来闻一下，一般正常的大米有一种稻香味，而这种塑料颗粒则没有米的香味。另一个就是看形状，咱们正常的大米是细长的、椭圆形，而这个塑料颗粒更圆润一些，从颜色上看，这个塑料颗粒更白一些。

接下来，工作人员将大米和塑料颗粒分别倒入水中，经过充分搅拌后，我们可以很明显地看到，正常的大米都会沉入水底，而塑料颗粒则全部漂浮在水面上（图 4-1）。为了进一步求证塑料大米是否可以如视频当中那样蒸煮，工作人员将塑料颗粒放入电饭煲中，那么经过蒸煮的塑料大米会是什么样子呢？（约半小时后）

图 4-1　大米和塑料颗粒倒入水中搅拌后的对比图

郭　宇： 这个（塑料大米）没有任何变化，它不会膨胀（图 4-2）。咱们正常的大米是会膨胀变软的。

图 4-2　塑料大米蒸煮后的变化

通过程老师的讲解和现场实验，“大米是塑料做的”这个谣言就不攻自破了。

黑米掉色是因为染色了吗?

黑米是黑稻加工产品，属于粳米类，是由禾本科植物稻经长期培育形成的一类特色品种，黑米稻粒外观长椭圆形，稻壳灰褐色，粒型有籼、粳两种，营养丰富，食、药用价值高，主要营养成分按占干物质计，含粗蛋白质 8.5%～12.5%，粗脂肪 2.7%～3.8%，碳水化合物 75%～84%，粗灰分 1.7%～2%。用黑米熬制的米粥清香油亮，软糯适口，营养丰富，具有很好的滋补作用，中国民间有“逢黑必补”之说。除煮粥外还可以制作各种营养食品和酿酒，素有“黑珍珠”和“世界米中之王”的美誉。最具代表性的陕西洋县黑米自古就有“药米”“贡米”的美誉。

黑米是大米的一种，作为食物，它的营养成分丰富，富含铜、锰、锌等无机盐，也含有丰富的维生素 C、叶绿素、花青素、强心苷等特殊成分；拿来入药，黑米可以滋阴补肾、明目活血、补肺缓筋，对贫血白发、头昏目眩、腰膝酸软等症状有很好的缓解作用。所以，黑米在生活中很受欢迎。但是很多人发现买回家的黑米在用清水洗的时候，清水一下子就变成紫褐色了，而且越搅动颜色越深，扒开黑色外壳，发现米心是白色的。这种掉色的黑米是被染色的吗？食用以后会不会危害我们的身体健康呢？在日常生活中我们又该如何辨别染色黑米呢？我们一块儿去听听程老师是怎么说的？又会给出什么样的建议。

春天到了，市面上各种食材的颜色也开始变得丰富了，各种颜色的食材都可以买得到，其中黑色食物是其中最流行的一种，比如黑米、黑豆、黑芝麻，然而这看起来黑漆漆的东西却让大家产生了怀疑，怎么越看越像染过色呢？

这种情况应该是有的。粳米或者是大米的确可以伪装成黑米来以次充好。还有一种情况就是，不良商家把存放时间较长的劣质黑米，经过染色后再次出售。我们从食品安全的角度来讲，如果用白米来冒充黑米的时候，使用的是合法的食品添加剂，比如说焦糖色素，就属于欺骗消费者的行为，但是对人体的危害还是很小的；如果使用的是非食用色素，就可能存在重金属超标的情况。

原来像黑米这样的黑色食物真的有可能被染过色！记者调查发现，现在市面上大米的价格大约是三到四块钱一斤（1 斤 =500 克），而黑米的价格却高得惊人，一斤至少要十块钱左右，是大米的三到四倍，这样的买卖的确颇有赚头。那么问题来了，这黑米是否被染过色又该如何辨别呢？

为了一探究竟，记者从市面上买来了散装和袋装的两种黑米，将等量的两种黑米放入水杯当中进行浸泡，我们可以看到，2 个杯子里同样都有一缕缕深紫的颜色不断地从黑米中飘上来，十分钟后，两个杯中的水竟然都变成了黑紫色（图 5-1），难道说这两种黑米都是被染过色的“假黑米”？真相究竟是什么？

图 5-1　两种黑米用水浸泡后的对比图

通过泡入水中看是否掉色来鉴别真假黑米的方法是不可靠的，并没有什么科学依据。黑米本身含有花青素，而花青素又极易溶于水，所以用水浸泡的时候，花青素会渗出并溶解到外界的水中，造成了“掉色”的现象。所以说泡过黑米的水呈黑紫色，这属于正常现象。

也就是说，不管是不是染过色的黑米，遇水都会变色，看来用水浸泡来鉴别真假黑米的方法不管用，程老师又给我们支了一招：用白醋可以鉴别出黑米的真假，那么这次这假黑米能否现出原形呢？随后，记者从超市购买了一瓶白醋，用同样的方法，记者将散装的和袋装的黑米分别倒入白醋后再观察，两个杯中的水都变成了红色（图 5-2），这又是为什么呢？

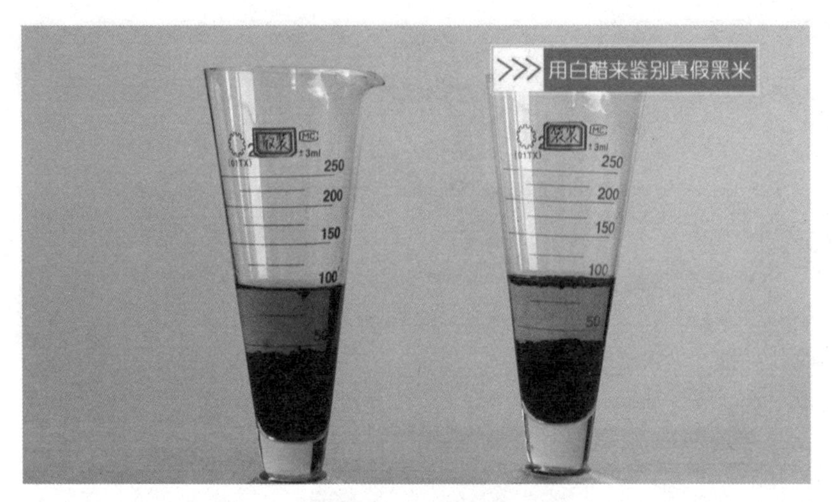

图 5-2　两种黑米用白醋浸泡后的对比图

用白醋来鉴别真假黑米，主要还是因为黑米当中积累的花青素，花青素遇到了呈酸性的白醋会变红，所以真正的黑米用醋浸泡后的水是红色的，而不是黑色的，也就是说，实验当中的两种黑米都不是染过色的黑米。如果是染过色的黑米，用白醋浸泡后的溶液仍是黑色的。

安全提示

白醋浸泡鉴别真假黑米：白醋浸泡黑米后水的颜色呈红色，则说明是真黑米；如果水的颜色呈黑色，则是染过色的黑米。

也就是说，用色素染过的假黑米，因为色素不会和醋发生反应，只要用白醋泡一泡，一眼就可以识别出来。程老师还告诉我们，一般来说，我们在超市选购黑米的时候，用这几个小妙招也是可以认出假黑米的。

首先你要看黑米的色泽和外观。一般来说天然的黑米有光泽，米粒大小均匀，很少有碎米、爆腰，也就是米粒上有裂纹等这些情况，而且一般没有什么杂质。劣质的黑米色泽暗淡，米粒大小不均匀，饱满度差，碎米多，有虫，有结块等。另外，由于黑米的黑色集中在皮层，胚乳仍为白色，而普通大米的米心是透明的，没有颜色，用大米染成的黑米，它的外表虽然比较均匀，但染料的颜色会渗透到米心里去。因此，消费者可以将米粒外面皮层全部刮掉，观察米粒是否呈白色，若不是呈白色，则极有可能是人为染色的黑米。

安全提示

正常的黑米，用手抠下的应该是片状的东西，而染色的黑米，米粒外面那一层物质则是呈粉末状的。

除了仔细观察黑米的外观，闻一闻黑米的气味也是个不错的方法。取少量黑米放在手心，向黑米哈一口热气，然后立刻闻一闻黑米的气味。优质的黑米会有正常的清香味，并没有其他异味。而闻起来有异味或是有霉变气味、酸臭味、腐败味和不正常气味的则有可能是劣质黑米或者是被染过色的黑米。

安全提示

辨别真假黑米：一看，天然的黑米有光泽，米粒大小均匀，很少有碎米、爆腰情况出现；二闻，天然的黑米有清香味无异味；三尝，天然的黑米味道微甜无异味。

最后你也可以尝一尝黑米的味道。拿一两粒黑米放到口中仔细咀嚼，或者将黑米磨碎后再品尝。

优质的黑米味道很好，微甜，没有任何异味。而没有味道或者是有轻微的异味、酸味、苦味以及其他不良滋味的则有可能是劣质的或者是被染过色的黑米。

大家一定要记住程老师给提供的这几个小妙招，选购黑米时一定要学会科学识别，同时在购买食材的时候，尽量去一些大型超市购买正规厂家生产的食物，以避免不必要的健康风险。

5-6

面条含胶是真的吗？

面条是一种非常古老的食物，它起源于中国，有着源远流长的历史。在中国东汉年间已有记载，至今超过一千九百年。最早的实物面条是由中国科学院地质与地球物理研究所的科学家发现的，他们在 2002 年 10 月 14 日在黄河上游、青海省民和县喇家村进行地质考察时，在一处河漫滩沉积物地下 3 米处，发现了一个倒扣的碗。碗中装有黄色的面条，最长的有 50 厘米。研究人员通过分析该物质的成分，发现这碗面条已经有约 4000 年历史。

面条主要用小麦面粉制作，在面出现之前，饭、粥为中国人的主食，但当面出现以后，面条的地位就跟米食平起平坐，南方人以米饭为主粮，北方人以面食为主粮，随后面条的种类也越来越多，挂面便是其中的一种。

挂面是以小麦粉添加盐、碱、水经悬挂干燥后切制成一定长度的干面条，是一种细若发丝、洁白光韧，并且耐存、耐煮的手工面食，有圆而细的，也有宽而扁的，主要品种有普通挂面、花色挂面、手工挂面等；一直是人们喜爱的主要面食之一。但是，近期网上一个主角为面条的视频被疯转，视频中有人用水清洗从农贸市场购买的挂面，结果洗完后出现了一团黏糊糊的“胶”，于是猜测这些筋道且久煮不烂的面条是加了某种胶的，而人吃多了会得病。事实果真如此吗？我们一块儿去了解一下。

面条可以说是我们北方人几乎天天都会吃的，不管是超市售卖的挂面，还是市场上机器加工的各种鲜面条，都是大家时常食用的主食。但最近的一些网络视频却对这些面食提出了质疑，到底是怎么回事呢？我们一块儿来看一下。

【网络视频资料】

你看这是泡了两个小时的面条，就是这种挂面，抽了十几根，放在水里泡了两个小时，经过我这么一洗，这哪是挂面，一点面都没有，全是胶。

视频中的男子称，自己用水浸泡挂面，结果挂面变成了一团黏稠的胶状物，他怀疑面条中加了胶。

【网络视频资料】

大伙看，十几根面条，泡出来就是这个胶，你看，这哪是面粉，面粉有这样子的吗？这全是胶。

挂面用水浸泡后竟然形成了一团黏稠的胶状物，那事实果真是如此吗？为了验证视频的真实性，栏目记者随机从市场上购买了三种不同的挂面，接下来，记者将三种挂面分别放入器皿当中加水浸泡，加好水之后，我们要将三种挂面分别浸泡两个小时。两小时后，我们可以很明显地看到，经过浸泡的三种挂面都已经被泡软了，而且还有一点黏稠状（图 6-1）。用手挤压之后，挂面形成了一团团小小的糊状物，很软很黏，跟视频中所说的情况相似。其实有这种现象的可不止挂面一种，用机器加工的鲜面条也有相同的情况。

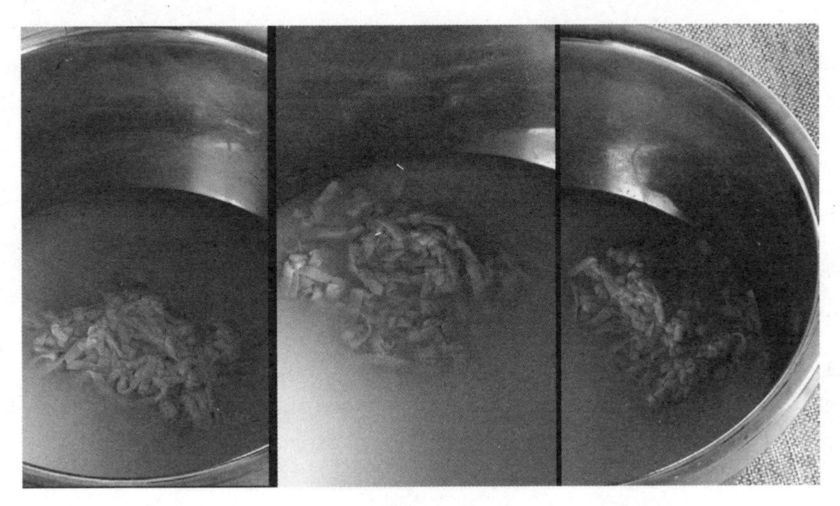

图 6-1　三种挂面浸泡两小时后变成白色黏稠物

【网络视频资料】

这是我刚买的面条，请大家注意了，这个面条我们慢慢把它拉长。朋友们，再好的面条可以拉成这么细吗？看看，大家再看看，已经快比毛线都要细了。这里面究竟是什么胶？我也不明白。但是我相信，再好的麦子，再有劲道的麦子，也不会出现这么好的弹性。

从视频当中我们可以看到，市场上买来的鲜面条弹性的确很大，但是这并不能说明鲜面条当中含有类似于胶的成分。为了一探究竟，栏目记者将从市场上买来的机器加工的鲜面条和自制的面条进行了比对实验。首先，我们将事先做好的面条和市场上买来的面条摆放在一起进行比对：从外观上来看，我们并不能看出两种面条有什么明显的差别（图 6-2），记者随即对两种面条分别进行拉伸，我们可以很明显地看到，机器加工的鲜面条，弹性、韧性要比自制的面条强一些（图 6-3）。

图 6-2　机器加工的鲜面条和自制面条对比图

图 6-3　机器加工的鲜面条拉伸图

接下来，记者将两种面条分别放入锅中进行水煮，那么经过水煮之后的两种面条会不会发生不一样的变化呢？十分钟后，停止加热，我们将两种面条从锅中取出放入盘中，仔细观察两种面条，我们可以很明显地看出，从市场上买来的面条经过水煮之后透亮，劲道，不容易坨；而自制的面条颜色发白，口感还有点黏，容易坨；而且面汤的差别也很明显，自制的面条煮出来的面汤颜色要更白一些，而且浑浊，而从市场上买来的面条煮出的面汤颜色则相对清澈一些。那么这种透亮的面条会不会就是所谓的注胶面条呢？

就大家对这个所谓的“注胶面条”的疑问，我说说我的意见。首先第一个，为什么挂面经过水的浸泡之后会形成一团不溶于水的胶状物？其实这是因为小麦面粉及小麦面粉制品，如面条、面片、饺子皮等，在用水洗时，淀粉和水溶性成分就会离开，剩下具有黏性、延伸性且不溶于水的物质，其实就是面筋，也就是我们在视频当中看到的那团胶状物质。面筋是面条的骨架。如果面条中面筋蛋白含量太低，面条的韧性、弹性不足，加工时容易断裂，煮的时候容易混汤。有时我们吃面条感到不够筋道，就是因为面筋不够。小麦面粉等级越高，要求的面筋含量也越高。但如果面筋蛋白含量过多，面条韧性过强，不容易煮透，也会导致口感不好。小麦面粉通过和面、醒面、压延、切面、干燥、切割、包装等工艺过程，制成挂面后，面粉的组成成分一般没有发生变化，面筋依然存在。一般来说，挂面中的湿面筋含量越高，应该是质量越好。南方人以米饭为主食，很多人对面粉成分缺乏了解，不知道面筋是什么东西，所以会误以为是“胶”，其实这是面筋，并不是挂面含胶。

安全提示

挂面用水洗后的白色黏稠物是面筋，并不是网络谣传的胶。

原来挂面用水浸泡后形成的不溶于水的胶状物是我们平时经常会碰到的面筋，并不是什么胶。那鲜面条扯不断又是因为什么呢？我们一起去听听程老师是怎么说的：

面条为什么会扯不断，有那么大弹性呢？其实我要说的是，面条的韧性强弱其实与原料的比例是密不可分的，面粉、水等这些原料的搭配也很重要，同样是这几种原料，如果是比例搭配得好的话，拉出来的面条其实还可以更细。还有就是，市场上售卖的面条当中，其实是可以添加其他物质的。比如像是可食用胶之类的食品添加剂是被允许用在面条生产加工过程当中的，在制作挂面、粉丝、米粉的时候可以改善成品组织的黏结性，使其拉力强、弯曲度大、减少断头率，这都是为了让面劲道，合理使用是可以的。但另一种叫做偶氮甲酰胺的添加剂如果要用在食品加工过程当中，必须按照国家标准使用，根据我们国家《食品安全国家标准 食品添加剂使用标准》（GB 2760—2014）当中规定，它属于面粉处理剂，只允许用于小麦粉当中，最大使用量是0.045g/kg，但是如果用量超标的话，可能会对人体健康造成一定的影响。

安全提示

鲜面条扯不断一方面与原料的比例是密不可分的，另一方面与食用胶有关系。

听了程老师的讲解，相信大家一定知道了所谓的“面条含胶”到底是什么情况了，也了解了面条劲道的原因。

5-7

粥里添加增稠剂

在中国有文字记载的历史中，粥的踪影伴随始终。中国的粥在 4000 年前主要为食用，有白粥，有菜粥，有肉粥，有豆粥，有八宝粥。其实粥的作用非常不一般，如果一定要说喝一碗来解决温饱，那可能是次要的。但是用粥来养人、来防病、来调养有几千年的历史，确实是有太多的道理了。粥在 2500 年前始作药用，进入中古时期，粥的功能更是将“食用”、“药用”高度融合，进入了带有人文色彩的“养生”层次。很多人喜欢喝粥就是这个原因，觉得粥能养胃，有益健康。

不知道您有没有发现，自己在家熬粥的时候，要想熬得黏稠，必须得放特别多的米和熬两三个小时，才能达到粥屋或是快餐店销售的黏稠粥的效果，但是不知道您发现没，粥屋或是快餐店熬出的粥味道很好，但是米粒并不多，这让人很困惑，这种黏稠的粥是怎么熬出来的？不久前网上流传着这样的说法：很多粥屋和快餐店提供的很黏稠的粥，其实并非是熬出来的效果，而是使用了增稠剂，这样会节省大米的使用量和减少漫长的熬制时间，省时又省力，那么，网上流传的“粥屋和快餐店提供的很黏稠的粥，是因为使用了增稠剂”到底是怎么回事？增稠剂到底是个什么东西？对我们人体有没有危害？我们一块儿听听程老师是怎么说的。

程老师，我知道您一定很喜欢喝粥。

是的，我确实很喜欢喝粥，粥能滋养肠胃，营养丰富，所以我建议大家去喝。

说起这粥，我觉得喜欢的人可不止咱们俩。一年四季，不管早晨还是晚上，很多人都会熬点小米粥喝。

王君，你是不是搞错了，你说得是小米稀饭吧。

对呀，稀饭不就是粥吗?

严格意义上来说，稀饭和粥是两回事。粥是有很多花样的，比如，我们去饭店经常爱点的皮蛋瘦肉粥，桂圆八宝粥等，里面的东西比较丰富。而稀饭比粥要稀。稀饭的做法很简单，它不像粥花的时间那么长，材料也没那么丰富，所以我们一般早餐会快速地熬点稀饭。

安全提示

稀饭和粥不是一回事，熬粥需要大量的食材和消耗大量的时间。

哦，我原来一直以为稀饭和粥是一回事，而且我们在日常生活中其实并没有分得那么清楚。程老师，说到这个“粥”字，我感觉比较特别，两个“弓”字夹着一个“米”字，它有什么含义吗。

是的，这就是中国汉字的博大精深之处。其中的“米”指米粒，“弓”意为“张开”、“扯大”。“米”与“二弓”联合起来表示“把米粒从左右两边同时扯大”（图 7-1）。

图 7-1　粥字的含义

哦，把米扯大，就成了稀饭和粥，确实很有意思。

民以食为天，可以夸张地说，粥的历史其实就是咱们中国人的历史。甚至可以这样说，是粥开启了中华文明史。《周书》中说“黄帝蒸谷为饭，烹谷为粥。”《说文解字》也引用遗文说“黄帝初教作糜”，糜就是粥。黄帝是中华文明的人文始祖，把粥这件事作为黄帝的功绩，是当时学术界的共识。

嗯，我也了解过，其实很多古人都喜欢喝粥。比如三国时期的曹操，据说曹操到半夜，身体感到不舒服，等到天亮便喝热粥取汗，汗出以后，再服当归汤。还有如苏东坡在喝了豆浆中掺入无锡贡米熬煮的豆浆粥后，诗兴大发，写下了“身心颠倒不自知，更知人间有真味”的诗句（图 7-2），简直把喝粥捧上了天。

图 7-2　苏东坡喝粥后诗兴大发写下的诗句

没错，粥文化发展延续到现在，口味已经变得很多了，像皮蛋瘦肉粥，水果粥，海鲜粥等等，也更符合现代人的需要了。

是的，这么多人爱喝粥，说明粥确实对人们的身体健康是有很大益处的。那程老师，您能不能简单跟我们聊一聊喝粥对我们有什么好处呢？

喝粥养生一直是中国人的传统。首先，粥能帮助补充水分，既适合北方天气干燥的秋冬，也适合南方汗流浃背的夏天。粥的含水量通常高达 90% 甚至更高，而且粥里的水和淀粉结合，通过消化道的速度较慢，在人体留存的时间较长，比单独喝水让人感到更加滋润。

是的，喝完粥以后，胃里就是感觉到滑滑的暖暖的，很舒服。

再一个就是，粥能帮助减少膳食能量，有利于控制体重。粥体积大而能量密度低，“干货”比较少。100 克大米饭所含能量超过 100 千卡，而 100 克稠粥只有 30 千卡左右（图 7-3）。粥的体积大，就会让人更容易饱，利于预防能量过剩。如果不是喝白米粥，而是喝杂粮豆粥，饱腹感就更强了。所以，要减肥的人喝杂粮豆粥，就可以在不感觉饥饿、不减少营养摄入的前提下，有效减少主食的能量，轻松减肥。

图 7-3　100 克米饭与 100 克粥的能量对比图

也就是，粥既能解渴，还能充饥，更有利于减肥。

王君，你总结得很到位。不过，我不推荐喝白米粥，它虽然容易消化，但营养价值不高，对于控制血糖和体重都极为不利，最好用杂粮豆类来煮粥。

安全提示

喝粥的好处：能帮助补充水分、减少膳食能量，控制体重。

程老师，您看我们说了这么多，觉得喝粥是百利而无一害。但是最近我看到有人爆料说，在一些粥铺买的粥喝起来比较黏稠，可是自己在家熬却怎么也熬不出来，所以他们怀疑是粥铺老板在粥里加了点“料”。那么，这老板加的“料”究竟是什么呢？对人体有没有危害呢？我们先来看段视频。

【网络视频资料】

有没有煮粥用的增稠的？增稠的有黄原胶，怎么卖的啊？一公斤一包的35元，做粥你要增加它的稠度，黏度，这个黄原胶你先用白糖在水里拌一下投进去，因为直接往粥里投的话，它一下子会浮起来，量很少。严格来说，粥是早餐食品，要是按照国家标准，早餐食品是不准添加的。

嗯，看来有些商贩为了增加粥的黏稠度会添加增稠剂。程老师，那在粥里加的增稠剂究竟是什么呢？会不会对我们的健康造成影响呢？

增稠剂是一种流变助剂，广泛用于食品、涂料、化妆品、医药等领域，其中，用于食品的增稠剂称为食品增稠剂，是一种食品添加剂，用于改善和增加食品的黏稠度。增稠剂的种类繁多，其中，中国允许用作食品添加剂的增稠剂有 39 种，包括刚才视频里提到的黄原胶。

刚才提到了增稠剂里的黄原胶，这个我们还是有点陌生，那黄原胶究竟是什么物质？如果黄原胶加入粥中会对人体有危害吗？下篇文章咱们继续聊聊这增稠粥里的秘密。

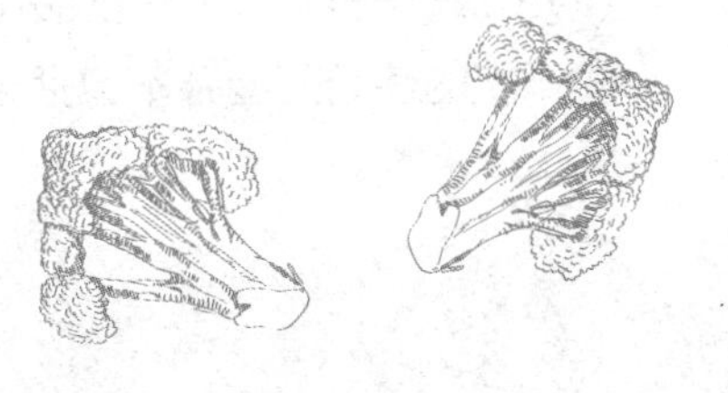

5-8

增稠粥里的秘密

增稠听起来有点吓人，其实就是天天在发生的事情，你见过食堂或餐馆里的蛋花汤吗？有经验的厨师只用一个鸡蛋就让一大桶汤看上去漂浮着许多鸡蛋，秘诀就在于勾芡。淀粉引发的奇妙的变化，科学上称之为糊化，它让汤变得浓稠，让蛋花均匀地悬浮在汤里，而不是沉到桶底，淀粉其实就是最朴素的增稠剂。大家吃过的肉皮冻，还有红烧鱼的汤汁在冷藏室里也会变成胶冻状，这些能形成胶冻的物质叫做明胶，也可以叫做胶原蛋白，也是一种人民群众喜闻乐见的增稠剂。

食品添加剂中的增稠剂有 30 种左右，它们赋予食品黏稠、适宜的口感。这些增稠剂中最常见的是改性淀粉和胶类物质，比如羧甲基淀粉钠、羟丙基淀粉、瓜尔胶、黄原胶、果胶、明胶等。很多增稠剂都是来自于天然食物，比如海藻酸钠、琼脂等。新闻中的黄原胶其实也是玉米淀粉经过微生物发酵得来的，从某种程度上讲，也是“纯天然”的。

增稠剂的安全性一般来说都非常高，所以在很多食品中都没有限制其使用量，而且他们也算“膳食纤维”，所谓的“长期使用、超标使用会对人体有损害”，并没有科学依据。但《食品安全国家标准 食品添加剂使用标准》（GB 2760—2014）对食品添加剂的使用有明确的规定，其中的确可以看到黄原胶的使用范围并不包括米制品。这该如何理解呢？

程老师，在上篇文章中，我们聊到了大家都很喜欢喝的粥，知道了有些粥铺的商贩为了增加粥的黏稠度和口感，会添加增稠剂。您也说了增稠剂有很多种，其中就包括了黄原胶，那这个黄原胶究竟是一种什么物质？

黄原胶又称黄胶、汉生胶，黄单胞多糖，是一种由假黄单胞菌属发酵产生的单孢多糖，黄原胶是国际上集增稠、悬浮、乳化、稳定于一体，性能最优越的生物胶，可作为乳化剂、稳定剂、凝胶增稠剂、浸润剂、膜成型剂等，广泛应用于国民经济各领域（图 8-1）。

黄原胶又称黄胶、汉生胶，黄单胞多糖，是一种由假黄单胞菌属发酵产生的单孢多糖，黄原胶是国际上集增稠、悬浮、乳化、稳定于一体，性能最优越的生物胶，可作为乳化剂、稳定剂、凝胶增稠剂、浸润剂、膜成型剂等，广泛应用于国民经济各领域。

图 8-1　黄原胶的概念

也许大家对黄原胶有点陌生，其实它是增稠剂的一种！如果在粥里使用黄原胶这种添加剂，只需放少量的米就能熬制一锅香喷喷浓稠的粥，而且只需要十来分钟，比长时间熬制出来的粥更具卖相，米粒和米汤比较均匀，而未加黄原胶的粥，米粒和米汤是分层的。其实增稠剂是一种安全性比较高的食品添加剂，只要按规定使用是不会对人体造成危害的，但使用时应遵循在达到预期效果的前提下尽可能降低使用量的原则。

也就是说，只要按规定使用对人体是不会带来危害的。

黄原胶自 1996 年允许作为食品添加剂使用以来，已被食品工业广泛接受，在最新颁布的《食品安全国家标准食品添加剂使用标准》（GB 2760—2014）中也对黄原胶进行了规定。

程老师，我看到在这个标准规定中，并没有规定黄原胶可以用于粥中啊？那是不是就说明在粥里添加黄原胶是违法的呢？

粥铺卖的粥属于现食现售食品，是否适用 GB 2760 规范目前普遍存在争议，这个在国外也没有一个完美的解决方案。至于粥里添加增稠剂是不是违法，要具体问题具体分析，看看他使用增稠剂的目的是什么？

这个应该怎么理解呢？您能不能具体给我们说说。

你比如，如果粥铺使用增稠剂的目的是为了少放米，那这就可能有以次充好的嫌疑，这样的话就违背了食品添加剂的使用原则，我们知道食品添加剂使用应该符合的基本要求之一就是：不应掩盖食品本身或加工过程中的质量缺陷或以掺杂、掺假、伪造为目的而使用食品添加剂。

我想这种行为不仅违背了食品添加剂的使用原则，也违背了做生意应该诚信的原则。

是的。那如果有些店是将粥预先放在塑料杯中，这其实和八宝粥一样，如果不使用增稠剂，那放置一会儿粥就会分层，吃起来口感很差。所以如果增稠的目的是让口感更好，就没有违背食品添加剂的使用原则，可以使用食品添加剂的情况之一：提高食品的质量和稳定性，改进其感官特性；便于食品的生产、加工、包装、运输或者贮藏。

嗯，这样使用增稠剂的目的还是可以接受的。

熬粥到底有没有必要使用增稠剂呢？我们知道小火多熬一会儿，粥就能很黏稠，毕竟大米也含有淀粉，而淀粉本身就能增稠。另外，少加点碱面也有很好的效果。但是粥铺在客人多的时候，后厨有没有时间和耐心小火慢炖，有可能是为了省事，熬的时间不够，只好用增稠剂“拔苗助长”。

嗯，其实我个人感觉，这样的话也是可以理解，毕竟做生意嘛，但是如果真的是为了以次充好少放米而使用增稠剂，那就不好了。

总的来说，熬粥并不是非用增稠剂不可。但只要没有违背食品添加剂的使用原则，用了也无安全性问题，消费者就不需恐慌。食品

安全提示

食品添加剂只要按照国家标准使用，能够提高食品的质量和稳定性，改进其感官特性；便于食品的生产、加工、包装、运输或者贮藏。

添加剂说起来好像很神秘，其实有不少都是受到我们传统工艺的启发。即使是所谓的“人工合成”“化工产品”，其安全性也是受到严格科学程序的检验后才能上餐桌。不过食品添加剂乱卖乱用的现象在行业内确实存在，监管者需要把好这个关口。

那程老师，咱们今天也讲了很多内容，那说到底我们该怎么选择粥呢？

宋代陆游写了首诗叫《食粥》，“世人个个学长年，不悟长年在眼前，我得宛丘平易法，只将食粥致神仙。”这也能看得出，在古时候，人们就已经把粥当做很好的一种食品。煮粥的食物不一样，煮出来粥成效也有天壤之别。在主料方面，最佳选择小米、大米、糯米、玉米等性平或性温的食物，益补脾胃，少选择凉性或寒性的食物，如绿豆、荞麦等，防止伤及人体的阳气。在喝粥时也建议大家不要喝太烫的粥，会影响食管，时间长了，对身体的伤害是很大的。

安全提示

煮粥的主料宜选性平性温的食物，不宜选凉性或寒性的食物。

嗯，不仅煮粥有讲究，这喝粥的时候也要注意，人们就是因为对食品添加剂，对增稠剂的认知相对比较缺乏，因此引起了恐慌，所以大家一定要多看我们的文章，在这里可以学到更多有关食品安全的知识。

5-9

用烧碱和双氧水泡过的牛百叶还能吃吗？

牛是反刍动物，与其他的家畜不同，最大的特点是有四个胃，分别是瘤胃、网胃（蜂巢胃）、瓣胃（百叶胃，俗称牛百叶）和皱胃。前 3 个胃里面没有胃腺，不分泌胃液，统称为前胃。第四个胃有胃腺，能分泌消化液，与猪和人的胃类似，所以也叫真胃。

牛百叶即瓣胃，瓣胃呈叶片状，功用是吸收水分及发酵产生的酸。牛百叶可以作食物材料，一般用作火锅、炒食等用途。广东人饮茶时也会把它蒸熟当点心。新鲜的牛百叶必须经过处理才会爽脆可口。牛百叶含蛋白质、脂肪、钙、磷、铁、硫胺素、核黄素、尼克酸等，具有补益脾胃，补气养血，补虚益精、消渴、风眩之功效，适宜于病后虚羸、气血不足、营养不良、脾胃薄弱之人。

2015 年 12 月，广东顺德警方查获了毒牛百叶近 4000 斤。黑作坊老板自曝，氢氧化钠可以让牛百叶加重，1 斤可以浸泡成 2 斤，甚至 3 到 5 斤，双氧水让牛百叶卖相更好，而两者都是有毒物品，黑心商贩自己从来不吃，因为太毒，他们自己都怕。其实这种做法已经成为行业内公开的秘密了，还有黑心商贩为了保鲜，则直接往牛百叶中添加甲醛；为了使牛百叶吸收水分发胀变重从而翻倍获利，则往牛百叶中添加工业烧碱。这种欺诈消费者的行为，应该受到法律的制裁，那么用来浸泡牛百叶的这些东西到底对我们的身体有多大的伤害呢？我们一块儿去了解一下。

程老师，牛百叶不管是涮着吃还是凉拌，都很好吃，特别有嚼劲，非常受人们喜爱。

曹雅君：是的，尤其是吃火锅的时候，牛百叶简直是必点菜目。遵循“七上八下”的黄金法则，那个口感真是一绝。

看来你们都是美食家，我们都知道牛是反刍动物，与其他的家畜不同，最大的特点就是它有四个胃，这牛百叶就是牛的瓣胃，又叫重瓣胃、毛肚、百叶，你们刚刚说的牛百叶就是它。

是的，但是这可口的牛百叶出问题了，最近，深圳警方查处一家生产牛百叶的黑窝点，他们用烧碱、双氧水浸泡牛百叶，随后，大量媒体报道称，这样泡出的牛百叶腐蚀性强、伤胃、致癌，销售人员自己都不吃，大部分都流向了火锅店。我们一起去看下视频。

【网络视频资料】

将烧碱稀释成溶液放入大桶内，再将牛百叶放进去浸泡 12 个小时，等发胀后再捞出来用清水冲洗，这样牛百叶就变得又脆又硬，之后再加入一些双氧水，还可以增加重量，提升色泽，这就是不法商家制作有毒有害牛百叶的过程，经调查，这个非法窝点集生产加工销售为一体，从国外低价进购劣质牛百叶后，再经过翻新，销往火锅店，同时黑心窝点的老板，还拥有食品批发点，有毒有害的食材，因此就轻易流入市场。

看完这个视频，还真挺痛心的，黑心商贩为了利益真是煞费苦心，程老师，这烧碱和双氧水能用来浸泡牛百叶吗，对我们的身体健康有危害吗？

牛百叶用烧碱和双氧水泡，其实这是牛百叶加工过程中常用的处理手段。牛胃表面有一层黑色的膜，看上去不好看，还非常容易掉色，所以，为方便人们食用，都需要经过一定的处理。在日常生活中，我们常吃的牛肚有不同颜色：黑色、黄色、白色（图 9-1）黄色的一般是经过烧碱泡的，而白色就是用双氧水泡过的。黑色的则只经过简单的清洗，也是安全的。

图 9-1　三种颜色的牛肚

曹雅君：老师，也就是说在牛百叶的加工过程中使用烧碱和双氧水泡都是安全的？但是我也查询了一些资料，这烧碱腐蚀性特别强，我们食用以后会不会对身体有什么影响呢？

烧碱又名氢氧化钠，俗称火碱、苛性钠，是一种具有很强腐蚀性的强碱，一般为片状或颗粒形态，它极易溶于水，溶解时还放出大量的热量（图 9-2）

烧碱又名氢氧化钠，俗称火碱、苛性钠，是一种具有很强腐蚀性的强碱，一般为片状或者颗粒形态，它极易溶于水，溶解时还放出大量的热量。

图 9-2　烧碱的概念

烧碱，可用于食品加工，不过，可别因为它有强腐蚀性就害怕。腐蚀性强并不一定就会对人产生危害，也不是它不能用到食品生产中的理由。烧碱腐蚀性强的前提是高浓度。但烧碱在食品中应用，食物最后是要被吃掉的，碱性过高的食物根本就没法下咽，不管加了多少，最后都一定会加酸把它调回到中性附近。这时候，烧碱基本被中和成了盐，也就不会再有“腐蚀性”。

我们一直说不能抛开剂量谈问题，那烧碱的使用有没有量的规定呢？

目前，世界各国都允许将烧碱“按照需要”用于各种食品加工过程中。我国也允许烧碱使用，且没有限量规定，根本就不存在“过量使用烧碱”这一说。

在食品加工过程中允许使用烧碱，并且安全性也是能得到保障的，那双氧水是否允许使用在食品加工过程中呢？

双氧水，学名过氧化氢，它有很强的氧化能力，可以破坏微生物体内的原生质，从而达到杀灭微生物和消毒灭菌的作用（图 9-3）。

双氧水，学名过氧化氢，它有很强的氧化能力，可以破坏微生物体内的原生质，从而达到杀灭微生物和消毒灭菌的作用。

图 9-3　双氧水的概念

双氧水，是一种广泛使用的食品加工助剂！由于很长一段时间内，它的身份被混淆、遗漏了，造成媒体对它有很多的负面报道，也加深了公众对它的担忧。不过，在 2014 年出台的新版食品添加剂标准中，它重新获得了“加工助剂”的身份，可用于多种食品中，且残留量无需限定。并且国际国内很多国家和权威机构经过评估也都认为，食品级双氧水在食品生产中的安全性是很好的。

曹雅君： 老师，所以用烧碱和双氧水处理牛百叶本身并没有很大安全风险，伤胃、致癌等说法完全是吓唬人的标题党。但是刚才视频报道中的行为也是不被允许，甚至是违法的，是吧。

是的，此次事件中的牛百叶，最大的问题是违规生产。牛百叶生产中所用的烧碱和双氧水都不符合食品安全要求。烧碱和双氧水是可以按需用于食品加工，但只能使用“食品级”，报道中的生产者使用工业级，其中可能含有其他有害杂质，会增加安全风险。所以，此次事件中的“烧碱、双氧水牛百叶”都是违规的，应该严厉打击。

安全提示

牛百叶用烧碱和双氧水浸泡，是牛百叶加工过程中常用的处理手段，但必须使用“食品级”的烧碱和双氧水。

对于消费者来说，最关心的还是如何减小风险，程老师，有什么方法可以帮助大家吗?

在这我给电视机前的观众两点建议：

第一：尽量去正规的超市或者农贸市场购买牛百叶，最好不要去小摊小贩处购买，因为小摊小贩在食品质量控制方面往往会差一些，也可能有更大的安全风险。

第二：买回家的牛百叶，如果担心有烧碱和双氧水残留，可以多用水冲洗几遍，因为烧碱和双氧水都很容易溶解在水里，很容易被水冲掉。

安全提示

购买牛百叶尽量去正规的超市或者农贸市场，买回家的牛百叶可以用水多冲洗几遍，减少残留物给身体带来的伤害。

用烧碱和双氧水处理是牛百叶加工过程中常用的两种方法，这两种方法处理的牛百叶其实是很安全的。但是为了避免大家买到问题牛百叶，平时吃牛百叶尽量去正规的超市购买。

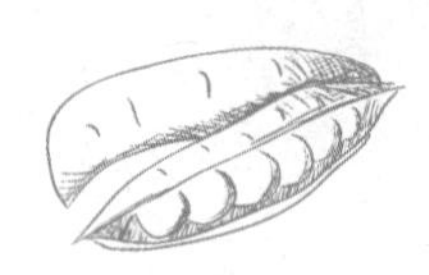

你吃的牛肉有被注水吗？

注水牛肉是市场上常见的一种劣质产品，可以通过屠宰前一定时间给动物灌水，或者屠宰后向肉内注水制成，注水可达净重量的 15%～20%，造成市场价格极不正常的竞争。注水肉颜色一般比正常肉浅，表面不粘，放置后有相当的浅红色血水流出。造成的问题包括：虐待动物、违反食品安全法规、促使牛肉变质更快、降低肉类的口感、所注水的卫生问题等。

2013 年 1 月 27 日，中央电视台焦点访谈节目以《问“水”牛横行到何时》为题，曝光了无极县部分村私屠滥宰问题严重，且大量注水牛肉流入石家庄市场一事。有关监管部门获知此事后，迅速行动，立即召开紧急协调会，针对石家庄无极县暴露出的问题，石家庄市召开全市畜禽屠宰肉品销售专项整治工作会议，打击注水牛肉专项行动。市政府决定，在全市迅速开展一次畜禽屠宰和肉品销售专项整治行动，重点加强对畜禽养殖、屠宰、流通和消费等环节的全程监管和集中整治，强化生猪检疫制度、根除私屠滥宰现象、杜绝非法肉品交易，确保肉品质量安全。

但是最近又有一些不法商贩为了牟取暴利，给牛注水，导致大量的注水牛肉出现在市面上，作为消费者，我们该如何辨别注水牛肉，买到放心牛肉呢？我们一块儿去看看程老师有什么方法。

最近，湖南娄底市公安局获得线索，在娄底城区一些市场内，有摊贩在大量出售注水牛肉。警方追查发现，这些注水牛肉来自一家非法屠宰场，这家屠宰场给牛注水的手法非常残忍，令人触目惊心！我们一块儿去看一下媒体的暗访报道。

【网络视频资料】

这家非法屠宰场位于娄底市娄星区的小巷内，位置十分偏僻，白天这里比较安静，据警方介绍，直到深夜的时候，不法商贩才会给牛注水。在夜里2点，记者随同警方来到屠宰场，对注水过程进行拍摄取证：他们用绳子拉着牛头，不让它动，几分钟之后，一名戴眼镜的男子在牛肚子上割开了一个小口子，把一根导管刺入牛肚子进行放血，紧接着，这名男子拿起旁边的水管，接上牛身上的导管，便开始不断地注水。这个眼镜男还在不断地给牛体进行按摩，让水分分布均匀一些。刚刚牛的四肢是瘫下去的，现在牛的四肢已经开始僵直，慢慢撑起来了，而且牛的身子也在慢慢膨胀。

经过一周多的蹲守调查，侦查员初步摸清了窝点内的情况，这里平时每天晚上有十多人活动，每天凌晨两三点就开始宰牛注水，大概在凌晨五点多的时候，这些注水牛肉就会被运往娄底市各大市场出售，为了弄清楚屠宰场内部情况，第二天，记者决定进入屠宰厂进行暗访。

【网络视频资料】

记者发现，现场气味难闻，脏乱不堪，在厂区的地面上血水、污水横流，一些牛肉以及内脏乱扔在地上，令人作呕。记者看到，这个地方周边环境非常脏，四周都是污水。通过跟踪，侦查员发现，这个注水牛肉的屠宰场，在娄底城区的五大农贸市场内都租有摊点，注水牛肉自产自销，销量惊人，经过一个多月的蹲守、调查取证，警方决定展开收网。

面对执法人员出示的证据，负责注水的犯罪嫌疑人道出了注水牛肉的秘密。原来，一头产肉量约三百斤的牛，竟然可以注入上百斤的水。也就是说，一头牛在注水之后，可以凭空多赚三四千元。那这些注水牛肉我们还能放心吃吗？有什么危害吗？山西医科大学管理学院的程景民院长给出了详细的解答。

注水牛肉是人为加了水以增加重量增加牟利的生牛肉，它的危害主要有以下几点：

危害一：短斤少两。据行业人士透露，一头毛重 1000 斤的活牛如果不注水，杀出的肉只有 350 斤左右，但注水后的肉重一般都会超过 400 斤，这意味着如果消费者买了 10 斤注水牛肉，其中水分就有 1.25 斤，实际买的肉也就不到 9 斤（图 10-1）。

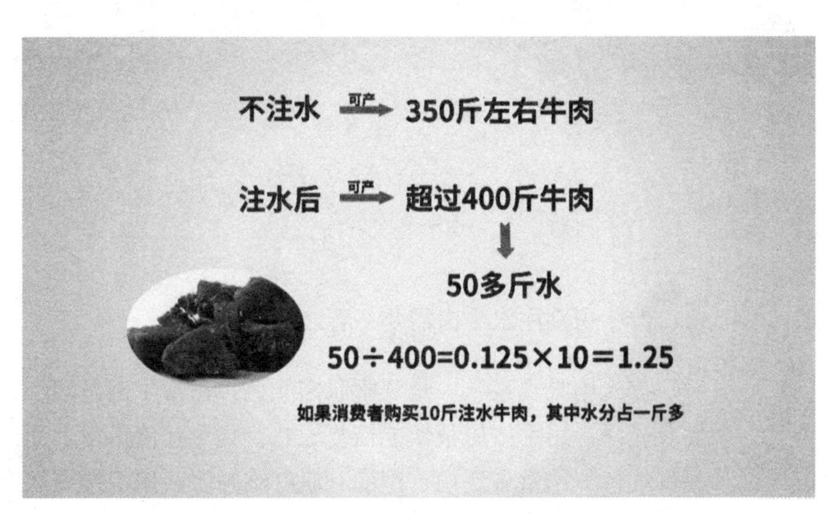

图 10-1　注水牛肉缺斤少两

危害二：降低肉的品质，影响牛肉原有的口味。牛肉注水后会导致牛肉蛋白质流失较多，会损害肉本身的细胞结构。注水越多，口感越差。

危害三：存在食品安全隐患。一般而言，注水牛肉对人体不会造成直接危害，但是得看注的水是否安全。早在2006年时，就有将硼砂注入牛肉的事件，为的是让牛肉更“新鲜”，这个硼砂会在人体内积聚，对人的神经系统造成伤害，国家明令禁止使用。注水者多用不干净的水注射，会把各种寄生虫、致病菌等带到肉里，危害人体健康。

危害四：扰乱市场秩序。据一些商家介绍，如果不注水，当前的牛肉价格大概是在25元左右一斤。但有档主注水后，可以将价格压低到20元左右一斤，便宜就好卖，大家相互压价，也只能比拼注水了。

安全提示

注水牛肉的危害：短斤少两、降低肉质、存在食品安全隐患、扰乱市场秩序。

据介绍，给牛注水已经成为肉制品行业的潜规则，近年来牛肉价格飞涨，已经让市民感到了无法承受，如果花高价钱买来的牛肉并非货真价实的牛肉，而是注水牛肉，那就更让人吃不消了。我们该如何识别注水牛肉呢?

识别注水牛肉需要一看二摸三检验。

首先用眼观察：一是观察肌肉颜色：正常牛肉呈暗红色，有弹性及光泽，用手按压很快能恢复原状，且无汁液渗出，而注水牛肉呈鲜红色，严重者泛白、湿润、肌纤维肿胀，用手按压切面有汁液渗出，且难恢复原状。二是观察肉的新切面：正常牛肉新切面光滑，无或很少汁液渗出，不易粘刀，注水牛肉切面有明显的淡红色汁液渗出，容易粘刀。

其次用手触摸：正常的牛肉切口部位有极少的油脂溢出，用手指肚紧贴肉的切口部位，然后离开时，有一定的粘贴感，感觉油滑，无异味；注水牛肉因含有大量的水分，在触摸时有血水流出，无粘贴感。

最后纸贴检验：一是燃烧试验：用干净吸水纸贴在牛肉的新切面上，稍后揭下，若是正常牛肉，吸水纸可完整揭下，纸上有油，能点燃且能完全燃烧；若是注水牛肉则不能完整揭下吸水纸，纸上有水，不能点燃或能点燃不能完全燃烧。二是吸水试验：用小块卫生纸贴在牛肉的新切面上，注水牛肉吸水速度快，纸一接触牛肉便湿透，而正常牛肉则慢慢渗透。

安全提示

辨别注水牛肉的方法：眼观肌肉的颜色和肉的新切面；手摸肉的切口处有无粘贴感；用面巾纸进行燃烧试验和吸水试验。

一些黑心商贩为了利益，给牛注水增重，但是只要我们掌握了辨别注水牛肉的方法，就可以买到品质好的牛肉。

5-11

虾里有虫是真的吗?

虾，是一种生活在水中的节肢动物，属节肢动物甲壳类，种类很多，按出产来源不同，分为海水虾和淡水虾两种。海虾有南极红虾、褐虾、对虾、明虾、基围虾、琵琶虾、龙虾等；口味鲜美、营养丰富、可制多种佳肴的海味，有菜中之 " 甘草 " 的美称。淡水虾有青虾、河虾、草虾等。

虾营养丰富，且其肉质松软，易消化，对身体虚弱以及病后需要调养的人是极好的食物。尤其是虾中含有的镁对心脏活动具有重要的调节作用，能很好地保护心血管系统，它可减少血液中胆固醇含量，防止动脉硬化，同时还能扩张冠状动脉，有利于预防高血压及心肌梗死。虾不仅具有很高的食疗营养价值，还可以用做中药材。常吃鲜虾（炒、烧、炖皆可），温酒送服，可医治肾虚阳痿、畏寒、体倦、腰膝酸痛等病症；如果妇女产后乳汁少或无乳汁，鲜虾肉 500 克，研碎，黄酒热服，每日 3 次，连服几日，可起催乳作用；虾皮有镇静作用，常用来治疗神经衰弱，植物神经功能紊乱诸症。

社会上总少不了关于食品的各种传言，不光有图片还有食品，以前的柑橘里有蛆这种新闻已经是老掉牙的啦，近期的像塑料粉丝、塑料紫菜等等，都有视频，可是在朋友圈火了一把，最近又有一个“活虾体内有寄生虫”的视频在微博、微信朋友圈刷了屏，那么视频里所谓的“寄生虫”是真的吗?

我们都知道，虾不仅美味，而且营养价值很高。尤其现在到了夏天，正是吃虾的季节，很多人更是对各种大排档里炒制的虾情有独钟。最近有一段活虾体内有寄生虫的视频开始在微信朋友圈刷屏，这到底是怎么回事呢？我们一起来看一下。

【网络视频资料】

这是活虾啊，我剪一下，看了吗？出来了。看见这虫子了吗？这是活虾里面的虫子。看到了吗？很长一条虫子。又出来了，有两个。在肉里面，一不留心就吃进去了。

视频中的女子随即挑选了几只虾，都发现这种长约三公分的白色线状固体，难道说活虾体内都有寄生虫吗？那么对于活虾体内的这种白色固体，水产批发商又会作何解释呢？

【网络视频资料】

虾没问题。这个不可能长这个。因为什么我跟你说，它这个虾，咱们卖的都是解冻虾，它是从打捞池子到速冻库，中间也就一个小时，你到冷库也就三分钟速冻。

商户说我们平常从市场上买的虾其实都是冷冻虾，冷冻虾是不可能长寄生虫的。那么事实果真如此吗？这视频当中的白色线状固体究竟会是什么呢？

大家在水产市场上买的虾，不管冷冻不冷冻，如果虾里有寄生虫，一般来讲也是在虾活的时候寄生的，所以跟冷冻不冷冻没什么关系。但是如果虾经过了冷冻处理之后，存活于它体内的寄生虫一般来讲也就冻死了。

其实我们可以很明显地看到，视频当中发现的这种白色线状固体确实没有蠕动，那么这不明白色固体会不会是虾体内的寄生虫的尸体呢？

【网络视频资料】

这就跟那虾脑一样的东西，没事，虾都有这个东西。能吃，那大龙虾也有这个。

有人说这是虾脑，也有的人说是饲料，还有人说是寄生虫，那么视频当中发现的不明白色固体到底会不会是寄生虫呢？

就大家对这个网络视频的疑问，是不是虾脑？是不是饲料？是不是寄生虫？这三个问题，我说说我的意见。第一，从解剖学和农业养殖的角度看，这既不是虾脑，也不是饲料。第二，大家比较担心的是不是寄生虫的问题。关于这一点我要强调的是，一般养殖大虾出现寄生虫的概率是很低的。而且寄生虫一般来说有一定的感染率，也就是说并不是所有的动物都会感染，而且很难做到随手拿一个就一定会有虫子。我们其实可以很明显地看到，视频当中发现的这个虫子似乎很柔软，用牙签挑出来的过程中居然断掉了，如果真的是寄生虫，而且这种现象普遍存在，那么为什么虾的检验规程里面会没有这一项呢？此外，在养殖环境下，如果有这么多寄生虫，虾的健康状况必然很差，养殖户如果不想血本无归的话，肯定会用药物控制，所以从经济角度分析，也不会出现这么严重的寄生虫感染。总而言之，视频当中发现的那个白色固体是寄生虫的可能性我估计不是很大。

说到这儿，可能电视机前的您就有些疑惑了，既然这不明白色固体不是虾体内的寄生虫，那它究竟是什么呢?

我首先给大家看两张图，这两张图说明了对虾的生殖系统，大家可以仔细看一下，其实不难看出，视频当中的所谓的虫子其实是雄虾的生殖腺，再具体一点就是输精管或贮精囊，它是一对同时出现，未成熟的精巢无色透明，成熟后为乳白色。不仅对虾有，皮皮虾也有，龙虾也有。其实这就相当于鱼白或者是蟹膏，而且这种物质富含蛋白质，只要正确烹煮虾，食用它是不会有什么问题的。

安全提示

虾里的白色线状固体不是虾脑、不是饲料、也不是寄生虫，而是雄虾的生殖腺（输精管或贮精囊）。

看来活虾体内含有寄生虫不能食用的说法是不攻自破了，我们可以放心吃虾了。但是程老师告诉我们，虾的新鲜程度其实也很重要，那么我们平时在购买虾的时候应该如何挑选才能确保买到的是新鲜的虾呢?

虾是特别容易变质的，一旦腐败就会产生挥发性的胺类物质，能闻到刺激性的异味，所以我们可以用闻来判断。另外可以通过观察，观察是否有虾头脱离、壳肉分离、虾壳发红、虾肉绵软无弹性等现象，这些都是虾不新鲜的特征。另外还有一点，我们在超市里可以看到有直接剥好的冻的虾仁，挑冻虾仁应挑选表面略带青灰色，手感饱满并且富有弹性的。正如我们前面讲的，虾营养丰富，肉质松软，容易消化，对于一些身体虚弱，病后需要调养的人来说是个很好的食物，而且虾含有丰富的镁，镁对心脏的调节具有重要作用，能够很好地保护心血管系统。虾是一个非常不错的食材。

安全提示

如何挑选新鲜的虾：一闻虾是否有刺激性异味，二看虾头是否脱离、壳肉是否分离、虾壳是否发红、虾肉是否绵软无弹性等。

夏天是吃虾的好时节，正确地挑选食材再加上合理地烹饪，才能保证我们吃到的是健康放心的食物，当然最重要的，还是不要轻信一些网络谣言，要学会科学对待。

5-12

活鱼被下麻药，这样的鱼你敢吃吗？

鱼类是以鳃呼吸、通过尾部和躯干部的摆动以及鳍的协调作用游泳和凭上下颌摄食的变温水生脊椎动物，属于脊索动物门中的脊椎动物亚门。根据加拿大学者的统计，现在全球鱼类共有 24 618 种，占已命名脊椎动物一半以上，且新种鱼类不断被发现，平均每年以约 150 种计，十多年应已增加超过 1500 种，目前全球已命名的鱼种约在 32 100 种。

鱼非常有营养，过去只有住在水边的人才能吃到鲜活的水产，随着技术的革新，现在即使是生活在内陆也可以很容易吃到活鱼，这些技术革新包括供养设备、低温运输等，但也有一些技术让人不太放心，前些年经常见到违法使用孔雀石绿，过量使用抗生素等现象，现在网上又出现了活鱼被下麻醉药的事件，那这种鱼我们还敢吃吗？对我们身体健康有没有影响呢？

虽然山西不临海，可是现在吃鱼也不是什么难事，鲤鱼、草鱼、鲫鱼、带鱼、三文鱼、多宝鱼，各种淡水鱼、海水鱼应有尽有，可是您发现了吗，这海水鱼的价格，要远远高于淡水鱼，比如鲤鱼市面上的价格，大概在 6 元一斤，养殖的多宝鱼价格在 22 元一斤，而产于渤海湾的平鱼，价格却达到了 50 元一斤，不同人群，吃哪种鱼更健康？海鱼淡水鱼营养功效真的有差别吗？海水鱼比淡水鱼贵是不是就意味着海水鱼比淡水鱼更有营养呢？是不是所有的人都适合吃鱼呢？我们一块儿去听听专家的讲解。

营养学家经常说，四条腿的不如两条腿的，两条腿的不如没有腿的，意思就是说，鱼肉非常好，但是最近有媒体曝光："鱼贩在运输活鱼时还会使用一种叫丁香油水门汀的麻醉剂"，又让消费者操碎了心。

【网络视频资料】

台中有疑似水产业者，运来鱼货后，就鬼鬼祟祟在装鱼的闷罐里倒入黄色的液体，俗称鱼的麻醉药，该液体是在化工行业买到的丁香油水门汀麻醉药给鱼催眠，用来延长鱼的寿命，依照食品卫生法，食物中添加任何麻醉药物，将重罚 6 万到 5000 万台币。

鱼被使用了丁香油水门汀麻醉药，那到底什么是丁香油水门汀呢?

"丁香油水门汀"是商品名，但丁香油和水门汀是两个东西。丁香油主要是从丁香的花、茎、叶中提取的挥发性油脂，实际起到麻醉作用的是其中叫做"丁香酚"的成分。这种成分在很多植物中都有，比如月桂、罗勒、樟树、金合欢、紫罗兰等（图 12-1）。

"丁香油水门汀"是商品名，但丁香油和水门汀是两种东西。丁香油主要是从丁香的花、茎、叶中提取的挥发性油脂，实际起到麻醉作用的是其中叫做的"丁香酚"的成分。这种成分在很多植物中都有，比如月桂、罗勒、樟树、金合欢、紫罗兰等。

图 12-1　丁香油的概念

水门汀是音译，也就是水泥的意思。它是一种粉剂，主要成分是氧化锌和松香。丁香油和水门汀混在一起就变成膏状，在补牙时起到窝洞暂时封闭、间接盖髓和黏着固定之用，同时丁香油还有很强的杀菌作用（图 12-2）。

水门汀是音译，也就是水泥的意思。它是一种粉剂，主要成分是氧化锌和松香。丁香油和水门汀混在一起就变成膏状，在补牙时起到窝洞暂时封闭、间接盖髓和黏着固定之用，同时丁香油还有很强的杀菌作用。

图 12-2　水门汀的概念

某些鱼贩把做口腔手术的麻醉剂，倒在水里面，用来活鱼运输，这种现象正常吗，对此我们的记者也采访了山西医科大学管理学院的程景民院长。

麻醉剂用于活鱼运输，主要目的是降低鱼的死亡率。比如说生活在闷罐里的鱼在长途运输中，它远离了原来生长的环境，会有一个应激反应，会到处乱撞，容易造成体表受伤，最终导致感染鱼病，影响鱼的存活，所以这样就不利于鱼的长途运输，在鱼类的长途运输中，加入麻醉剂，这是一种常规的做法。另一方面运输过程中鱼的密度大，容易因为缺氧导致死亡，麻醉剂就是解决这个问题。但是在我国或者国际上规定的鱼的麻醉药当中，是没有这一款东西的，也就是说丁香油水门汀是禁止使用的。所以不管它是补牙也好，或者哪怕说它是一种吃的也好，只要是不允许使用添加的，它就是违规添加。

安全提示

为了降低鱼的死亡率，在鱼类长途运输中，加入麻醉剂，是一种常规的做法。但是在我国或者国际上规定的鱼的麻醉药当中，丁香油水门汀是禁止使用的。

原来给鱼加麻醉剂，已经成为业内公开的秘密，但如果给鱼使用了“丁香油水门汀”麻醉剂，就是违规的。说到这儿，想必电视机前的观众朋友还是有所疑惑的，鱼使用了麻醉药到底会不会对我们的人体造成危害呢?

国家规定可以使用的麻醉剂，它相对来讲是安全的，比如有一种叫鱼浮灵，它的学名叫做过氧碳酸钠，它在鱼的体内，只是暂时起到麻醉的作用，但是它很快就会被代谢分解掉，所以这样就不会对我们人体有什么伤害，如果像新闻当中的，完全属于违规了，不管怎么样，都是不应该被添加的，它会在我们的人体内会蓄积，比如对我们的消化道、肝脏会造成一种负担，然后对我们的神经会起到麻醉的作用。如果商家违规给鱼添加了麻醉剂，我们在一般情况下也可以进行一个很好地区分，第一看眼睛，过度麻醉过的鱼的眼睛，是比较浑浊的，但是新鲜的鱼的眼睛，是非常透亮的，第二点看它的鱼鳞，新鲜的鱼，它的鱼鳞比较完整，并且有光泽，因为鱼是水里出来的，它光泽度很好，但是麻醉过的鱼，它的鱼鳞特别容易剥落，而且很暗淡，因为过量的药，破坏了它的蛋白质，这个鱼鳞在身体里面，也是靠蛋白质把它连接上的，如果蛋白质破坏了的话，它就更容易往下掉。

安全提示

如何辨别鱼是否被超量使用了麻醉药：一看眼睛，过度麻醉的鱼眼睛比较浑浊；二看鱼鳞，过度麻醉的鱼鳞特别容易剥落、暗淡。

谢谢程老师给我们大家带来的详细的讲解。好多人都觉得海水鱼比淡水鱼好，到底是不是这样呢？

我们知道海鱼在海里的生长环境有几个特点，第一是冷，所以这个鱼它必须有足够的脂肪去维持它的体温；第二点，因为它的游动范围比较大，所以它的肌肉比较紧致；第三点，海水有比较强的富集作用，可以说我们陆地上所有的矿物质营养素，在海水里面，都能够得到，所以说海鱼它的身体里面，就会含有比较多的矿物质，碘、锌、硒在海产里的含量都是非常高的。此外，海鱼的肝油和体油中含有一种陆地上的动植物所不具备的高度不饱和脂肪酸，其中含有被称为DHA（俗称脑黄金）的成分，是大脑所必需的营养物质，对提高记忆力和思考能力十分重要。另外，海鱼中的欧米伽3脂肪酸、牛磺酸含量都比淡水鱼高得多，对心脏和大脑具有保护作用。

刚才程老师已经给大家分析了海鱼和淡水鱼的区别，那什么样的人适合多吃一些海水鱼，什么样的人适合吃一些淡水鱼呢？

其实对于我们一般人来讲的话，就是多吃鱼类就非常好，但是如果再讲究一下的话，比如患有动脉粥样硬化，血脂异常的这些人群，他比较适合吃一些海鱼，但是吃海鱼的同时还要注意它的加工方法，不要油炸小黄鱼，这样就麻烦了，所以它的加工方法也是非常重要的，比如像孕妇，出生两周的小朋友，他就必须要补充维生素D，所以海鱼里面，特别是鱼的肝脏里面，它是含有非常丰富的维生素

D的；但是也不是所有的人都适合吃海鱼，海鱼里面的三文鱼，沙丁鱼，秋刀鱼，这些鱼被称为青皮红肉鱼，它们身体里有一种物质叫组氨酸，这种组氨酸在我们的身体内很容易形成组氨，引起我们的过敏，所以有一些荨麻疹，哮喘，这种过敏的人群尽量少吃海鱼，或者先要适应一段，看看自己有没有过敏反应，还有一种就是欧米伽3脂肪酸，除了DHA，还有一种叫EPA的成分，EPA有一个非常重要的作用，就是抗凝血因子，它是防止我们血液凝集的，所以说对于有动脉粥样硬化的病人来说它是非常好的，它活血，但是对于有脑出血的、初产妇，还是尽量少吃海鱼。

安全提示

患有动脉粥样硬化、血脂异常的人，比较适合吃海鱼，但是对于有脑出血、初产妇，要尽量少吃海鱼。

通过程老师的讲解相信大家对鱼的相关知识都有了一定的了解，在平常生活中选择适合自己的鱼烹饪。

5-13

揭秘海鲜里的兴奋剂

很多人都喜欢吃海鲜，像我们经常吃的大龙虾、海蟹等海产类活物，要运往各大城市销售时，需配制合适的人工海水进行运输，运输到目的地后，先要进行清拣，剔除那些死亡、严重受伤及患病的，然后进行冲洗，冲洗方法是将海鲜品用淡水或 1ppm 的高锰酸钾溶液冲洗 1 分钟或用 0.2ppm 杀菌威消毒。如使用城市中自来水作为存养海鲜的水源，一定要经曝晒或化学方法除氯后方可使用。经去氯后的水用深缩海水或固体海水素调配至所需要之盐度，即制成人工海水，便可用以存养海鲜品。

鱼类、虾、贝等，在远离海洋后也能愉快“安家”，因为商贩会自制“海水”延长它们的寿命。天府早报记者连日暗访调查发现，让海鲜保持鲜活的“海水”，并非取自海洋，而是普通自来水与名为“海水晶”的白色粉末勾兑而成的“人造海水”。比如：在卖虾的时候如果用淡水盛放，死亡率高，但是用海水晶将盐度回调到 20‰左右，可获得具有海洋风味的产品，不但壳硬味鲜，且上市价格会成倍增加，获得最佳经济效益。那么问题来了，一些商贩使用“海水晶”真的只是为了延长海产品的寿命？还是另有隐情呢？“人造海水”养出来的海鲜食用安全吗？会对人体健康造成威胁吗？我们一块儿去听听程老师是怎么说的。

最近，一则消息让市民担忧不已：据说有些商贩在放海鲜的水里加入一些“海水晶”添加剂，就会让海鲜“生龙活虎”，这种神秘的“海水晶”究竟是什么东西，对人体有没有危害呢？我们先来看一段视频。

【网络视频资料】

装在自来水里能活吗？自来水不行，自来水得兑海水晶，商户告诉我们添加海水晶，可以延长海鲜的寿命，但是用多少？怎么用？却没有标准。

长期食用浸泡过海水晶的海鲜，会不会对人体产生伤害呢，这种海水晶会不会像苏丹红、孔雀石绿一样，致癌呢？商户难道是仅仅为了增加海鲜的存活时间，才添加海水晶的？随后海鲜市场里的商户透露给记者，这种海水晶可以增加海鲜的鲜活度和存活时间，所以在海鲜市场用海水晶勾兑的海水，喂养海鲜已经是公开的秘密了，那么能让海鲜更鲜活、活得更久的“海水晶”，到底是何方神圣？对此我们的记者也采访了山西医科大学管理学院的程景民院长。

海水晶是海水及盐化工的产物，主要是通过对海水或卤水进行蒸发、离心、浓缩等一系列过程而生产出来的。其基本保留了海水的主要成分，是浓缩了的海水。在其中有选择地加入微量元素，不仅可以补充生产过程中流失的部分元素及化合物，还使整个产品更富于实用化（图 13-1）。

海水晶是海水及盐化工的产物，主要是通过海水或者卤水进行蒸发、离心、浓缩等一系列过程而生产出来的。其基本保留了海水的主要成分，是浓缩了的海水。在其中有选择地加入微量元素，不仅可以补充生产过程中流失的部分元素以及化合物，还使整个产品更富于实用化。

图 13-1　海水晶的概念

第一，把“海水晶”和自来水兑一下，海水环境就生成了。用“海水晶”可以将自来水的咸度调整到 5 ~ 20 度，模仿浅海及深海的海水咸度，如果用淡水或咸度不够的海水喂养海鲜，海鲜很快就会死亡。

第二，使用海水晶可以控制海鲜的重量，也就是说可以起到压秤的作用。比如，海鲜从海里打捞上来是一个分量，当它配了海水晶之后，它会喝水，又会是一个分量。

商家为了让生活在海水里的海鲜能够继续活下去，如果给它用海水来养殖的话，成本会很高，所以就要勾兑一个像海水的环境，来饲养这些海鲜，如果我们长期食用海水晶浸泡过的海鲜，对我们人体到底有没有危害呢？

海水晶在业内很多人知道，只要正规合法商家出售的产品，符合行业标准，就没有问题。“海水晶”目

安全提示

海水晶其实是一种添加在水里面的，专门用于养海鲜的添加物，海水晶除了可以增加海鲜的新鲜度和存活时间，还有一个更大的作用，就是涨秤，意思就是通过调整海水晶的浓度，一些不法商家可以控制你买到海鲜的重量，从中牟取暴利。

前没有国家标准，也没有行业标准，企业生产依据“企业标准”。这不仅不具备强制性，也给不法商贩留有空子。如果“海水晶”真的是用海水浓缩当然没有危害，但如果用工业级原料，如工业盐、氯化镁等混合提炼，长期食用就会给我们带来一定的风险。比如，如果是工业盐生产的“海水晶”，其中的镁盐会对人体神经传导系统会造成损害，最可怕的就是智力障碍。“海水晶”是否就是工业盐制品，市场的说法也并不一致。大型市场采购来源相对可靠，标准要求高、安全有保障，但一些小商贩使用便宜货，就很难保障其安全。

最近蛏子，象拔蚌等海鲜销售火热，最受老百姓欢迎。以象拔蚌为例，一只象拔蚌大概 2 斤重，但是当它遇到一定浓度的海水晶时，就会拼命地喝水，几个小时之内，这只两斤的象拔蚌就会涨到 2.5 斤，也就是说，您买到的象拔蚌，其中半斤都是海水晶勾兑的水，象拔蚌每斤 45 元，半斤就是 22.5 元，一只象拔蚌您就花了二十几元的冤枉钱。不仅仅是象拔蚌，贝类等等也会发生同样的情况，那么我们在买海鲜的时候，如何避免缺斤短两的事情发生呢？

先说说龙虾，看龙虾是否泡过水，要看一个地方，这个地方就是它的头颈部的白色隔膜，如果白色隔膜膨胀起，且连接处松动，那就说明，这只龙虾喝了很多的海水。我接下来就告诉大家，如何挑选一

安全提示

辨别龙虾是否泡过水：看龙虾头颈部的白色隔膜，如果白色隔膜膨胀起，且连接处松动，那就说明这只龙虾喝了较多的海水。

只质量好的龙虾，龙虾是一个冷水动物，比如说在美国，它生长在波士顿缅因州的海域，所以水越冷，它的壳，头部就越硬。越硬的话肉质也就越饱满，所以大家在挑选海鲜的时候，按住它的头部往下捏，如果非常硬，证明这只龙虾非常饱满，肉质也非常好。

根据程老师介绍，在这里给您算一笔账，龙虾一斤 100 块，一只大概 3 斤左右，价格是 300 多块钱，如果黑心商家使用特别方法泡制的龙虾，那么您在购买的时候，可能就会多花上好几十块钱。那我们平常吃的辣炒蛏子，爆炒蛏子，该如何分辨是否喝过海水呢?

蛏子又叫西舌贝，是一种营养价值很高的食物，挑蛏子不能以貌取蛏子，首先，不是我们想象的越饱满越好，尤其是触角全部暴露在外面的，我们尽量不要购买，第二点，壳之间的缝隙，如果缝隙越大，证明它越饱满，喝的水也就越多，所以这个也不是我们选择的对象。可选择个头大外壳完整的蛏子，这种蛏子肉质比较肥厚，里面的肉体呈淡黄色。一些市民早上购买了蛏子，但要到晚上吃，可以把蛏子养在盐水里 3～4 个小时，可以使蛏子迅速将体内的沙子排出，并放入冰箱冷藏室，保证蛏子又活又鲜美。

安全提示

如何选购蛏子：触角全部暴露在外面的尽量不要购买；壳之间的缝隙越大，喝的水越多不要购买。

非常感谢程老师的讲解，如果您在生活当中买到了添加“海水晶”的海鲜，保存好购买票据，及时拨打 12331 进行投诉举报。

5-14

猪肉暗藏安眠药

我们都知道，要把一头十几斤重的猪养到 200 至 300 斤，大概需要一年甚至更长的时间，但是“现代化”高速养猪法早已普及到成千上万个养猪专业户手中，十几斤重的小猪养到 200 至 300 斤，只需 5 到 6 个月，现在不管大猪，小猪每天都要吃 2 斤至 3 斤饲料，分 2 顿喂。饲料是用 100 斤粮食拌几十斤添加剂，一切奇迹都在添加剂中。小猪从 10 多斤到 50 多斤，吃了拌有添加剂的饲料，每天长 1 斤多肉，这时候的猪还有精神在猪圈中跑几圈。但是，随着这种拌有添加剂的饲料摄入时日的增加，小猪长到 50 斤以上时，每天也吃 2 至 3 斤饲料，开始大量喝水，每天要长 2 至 3 斤肉，这时的猪开始出现 24 小时几乎都在睡觉的现象，除了吃食时，被人打醒。

为了让猪毛发亮，变得漂亮，能卖出好价格，猪长到 100 斤的时候，每天每 100 斤饲料中除了要拌入添加剂外，还要加入几斤化肥尿素颗粒。（化肥是给土地施肥的也拿来喂养动物？）这种靠喂拌了添加剂饲料快速催肥的猪，必须在 200 斤至 300 斤左右卖掉，否则猪就站不起来了。这饲料里添加的主要成分就含有安眠药等大量药物。这一铁的事实，所有的养猪专业户都非常非常清楚，为此他们自己大都不吃靠添加剂催肥而养出来的猪，而是专门养几头猪，从不喂拌有添加剂的饲料，供自已家人食用。如果人们食用了含有安眠药物的猪肉，会对身体有什么影响呢？

猪肉是人们餐桌上重要的动物性食品之一，近日，一则“猪肉中检出安眠药物”的消息被各大媒体转载，到底是什么情况呢？我们一块儿去了解一下。

【网络视频资料】

近日北京市西城区食品药品监督管理局根据群众举报，在西城和丰台区交界处公路边连续多日摸排，在凌晨组织公安、农业、城管、街道办事处等部门开展夜查行动，查封扣押猪肉4285公斤。检查人员对89批猪肉样品进行检测，其中有18批水分超标，6批样品检出氯丙嗪。

氯丙嗪，又叫冬眠灵，它是一种中枢多巴胺受体阻断剂，可以作用于动物的中枢神经系统，它具有抗精神病、降温、镇吐、催眠、麻醉等多种作用，兽医临床上主要将它作为镇静药使用（图14-1）。

氯丙嗪，又叫冬眠灵，是一种中枢多巴胺受体阻断剂，可以作用于动物的中枢神经系统，它具有抗精神病、降温、镇吐、催眠、麻醉等多种作用，兽医临床上主要将它作为镇静药使用。

图14-1　氯丙嗪的概念

从视频中我们可以初步判断，此次检测中有18批猪肉样品被检出水分含量超标，有可能是注了水的猪肉。之前我们讲过注水肉的问题，只要大家掌握了辨别注水肉的方法，就能买到放心的猪肉（图14-2）。我们重点要说的是，在此次检测中有6批猪肉样品被检出氯丙嗪，这个氯丙嗪是常见的安眠、镇静、催眠药物，对猪的中枢神经功能有良好的抑制作用，也有研究说对生猪能起到催肥效果，但是副作用较大。按照《动物性食品中兽药最高残留限量》（农业部第 235 号公告）的规定，氯丙嗪药物允许作治疗用，但不得在动物性食品中检出；《禁止在饲料和动物饮用水中使用的药物品种目录》（农业部第 176 号公告）中也规定，（盐酸）氯丙嗪为禁止在动物饲料和饮用水中使用的药物。

图 14-2　辨别注水肉的方法

按照国家的相关规定，氯丙嗪不允许在动物性食品中检出，也禁止添加在动物饲料和饮用水中，那一些养殖户为什么还要把它用到猪身上呢？

据一些部门的调查，个别养殖户把氯丙嗪用到猪身上，主要有两个目的：

安全提示

大剂量的氯丙嗪有引起体位性低血压等副作用，这种药主要在肝脏代谢，易产生药物残留，对人们的身体健康会造成一定影响。

第一种目的是：使猪镇静（催眠），减少运输途中的死亡率：我们都知道，猪在屠宰、运输等过程中很容易受到惊吓，一旦惊吓过度，会影响猪的健康。所以，给猪吃镇静类药物能减弱猪的机能活动，从而起到消除躁动不安、减少运输途中损伤的概率。第二种目的是：促进动物生长：人们发现，给猪服用镇静类药物，可以让猪活动减少、睡觉多，间接能起到一定的催肥促生长作用。所以，有些养殖者会在猪的饲料和饮用水中添加氯丙嗪类镇静药物。但就目前来说，世界各国都禁止将它用于动物养殖。

但是目前依然有一些非法生产、经营商私自在饲料中添加氯丙嗪，尤其是在运输途中，大量使用氯丙嗪，这种行为应该严厉打击。那含有安眠药物的猪肉到底还能不能吃呢？

从目前的研究数据来看，还没有更多的研究结论说这种猪肉会对健康产生危害，所以还是可以放心吃的。

第一，此次检出含有氯丙嗪的猪肉毕竟是少数，而且从我国近几年的监测来看，绝大多数的猪肉都是合格的，正规途径购买的猪肉还是放心的，吃到含有氯丙嗪猪肉的概率很小。

第二，从风险评估角度，食物中氯丙嗪的危害风险也并不是很大。欧洲食品安全局（EFSA）对氯丙嗪等兽药进行过严格的评估，结论是氯丙嗪的危害风险非常低，属于低关注的风险。

实际上，氯丙嗪是用于人体的一种药物，在用于人体之前都经过了严格的药理、毒理实验，安全性还是经得起考验的（图14-3）。

安全提示

氯丙嗪之所以不允许用于猪身上，一个很重要的原因是耐药性。兽用药物（抗生素）真正的威胁不是残留本身，而是其耐药性。正因如此，国际主流意见也认为应该尽量将人用和动物用的药物区分开来。

图 14-3　氯丙嗪的安全评估结果

那么针对部分猪肉被检出含安眠药物的情况，我们该怎么做呢？

首先：我们要尽量去正规的超市、市场购买猪肉。买的时候要注意以下几点：

1. 闻气味：新鲜猪肉具有鲜猪肉正常的气味；变质猪肉不论在肉的表层还是深层均有血腥味、腐臭味及其他异味。

2. 看表皮：健康猪肉表皮无任何瘢痕；病死猪肉表皮上常有紫色出血斑点，甚至出现暗红色弥漫性出血，也有的会出现红色或黄色隆起疹块。

3. 看弹性：新鲜的猪肉质地是非常紧密且富有弹性的，你用手指按压凹陷后会立即复原；而变质猪肉由于自身被分解比较严重，组织已经失去了原有的弹性而且还会出现不同程度的腐烂，当你用指头按压后凹陷，不但不能复原，有时手指还可以把肉刺穿。

4. 看脂肪：新鲜猪肉脂肪呈白色或乳白色，有光泽；病死猪肉的脂肪呈红色、黄色或绿色等异常色泽。

安全提示

凡事都掌握一个度，比如膳食指南推荐每天吃 40～75 克肉，所以大家也不要吃太多肉。要注重饮食均衡，尽量通过多样化的食物来获得我们所需的各种营养。

总的来说，猪肉中检出违禁药物肯定是违法行为，应该严厉打击，在这里我们还是要提醒大家，均衡饮食才会有利于身体健康。

5-15

问题海带需谨慎

海带，是一种在低温海水中生长的大型海生褐藻植物，属海藻类植物，适用于拌、烧、炖、焖等烹饪方法。中国北部沿海及浙江、福建沿海大量栽培，产量居世界第一。富含褐藻胶和碘质，可食用及提取碘、褐藻胶、甘露醇等工业原料。其叶状体可入药，研究发现，海带具有降血脂、降血糖、调节免疫、抗凝血、抗肿瘤、排铅解毒和抗氧化等多种生物功能。适宜缺碘、甲状腺肿大、高血压、高血脂、冠心病、糖尿病、动脉硬化、骨质疏松、营养不良性贫血以及头发稀疏者食用。但是海带不能长时间浸泡，虽然食用海带前应用水漂洗，但是时间不宜过长，一般说浸泡 6 小时左右就可以了，浸泡时间太长，海带中的营养物质，会溶解于水，营养价值就会降低。由于海带中碘的含量较丰富，患有甲亢的病人不要吃海带，会加重病情；孕妇和乳母不要多吃海带。

现在市场上销售的海带，主要分为干海带和泡发海带两种。不过奇怪的是，同样是泡发好的海带，卖价却差出不少。颜色发暗，呈现墨绿色的海带，价格偏贵，每五百克，价格在五六块钱左右。翠绿色的海带丝倒便宜，能比前者低出一半来，售价每五百克三元左右。都是泡发的海带，颜色怎么就不一样呢？随后记者在网上查询时发现，网上有许多关于海带的说法，有人说这是染色海带，吃了有害健康，事实真的如此吗？

我们都知道海带是一种营养价值很高的蔬菜，是市民餐桌上的美食，清爽可口，富含碘元素，煲汤或者凉拌都很美味。可是最近有市民反映自己买的海带，居然掉色了，到底怎么回事呢？

【网络视频资料】

就在当天早上，严女士从菜市场上买了一份凉拌海带丝，买多了没吃完，顺手把吃剩下的馒头和海带丝一块儿放冰箱里了，没想到，中午再拿出来时，沾过海带丝的馒头，竟然变成了绿色？这到底是什么情况呢？海带掉色是正常现象还是染过色呢？

掉色的海带究竟有什么问题呢？记者随后从市面上买回了几种不同的海带进行实验，来看看实验会给出我们什么结果。

【实验】

用纸巾擦拭海带，并没有出现掉色的现象（图 15-1），这是不是意味着海带没有被染过色呢，对此我们的记者采访山西医科大学管理学院的程景民院长。

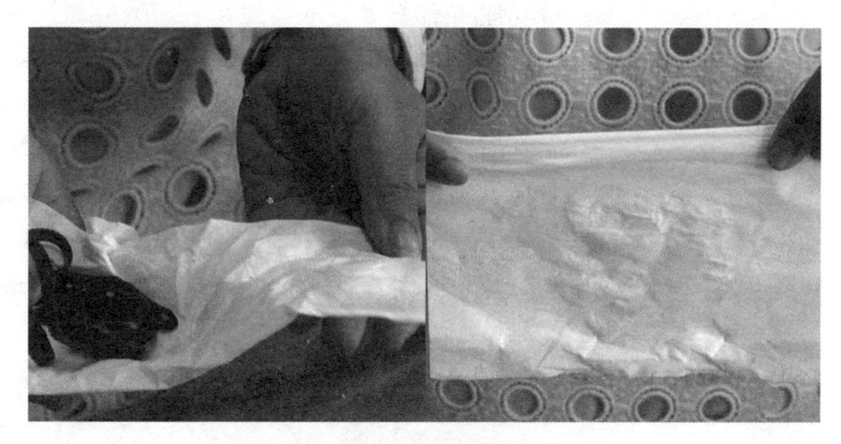

图 15-1 用纸巾擦拭海带无掉色情况

这说明它们没有被工业染料染过色。不过，现在还有一种手法是用硫酸铜浸泡染色，用硫酸铜染过色的海带，我们可以用颜色来区分，通常来讲，正常海带的颜色，是以棕褐色，褐色为基调的，但是如果一看海带的颜色特别鲜亮，那咱们就得打个问号了，海带的色泽实际上来源于叶绿素，就是这种绿色的成分，当叶绿素碰到铜离子的时候，铜就进入到了叶绿素的结构中，生成一种非常稳定的，颜色也更加亮丽的物质。所以就可以让海带呈现出一种特别新鲜，特别光亮的颜色。

用硫酸铜泡发过的海带，其目的无非就是想让海带的颜色更加鲜亮，卖相也更好。我们长期食用这种用硫酸铜浸泡过的海带又会给我们身体带来什么风险呢？

如今，用硫酸铜浸泡海带，成了不法商家的常用方法。因为能让海带变绿又不会掉色。但长期食用被硫酸铜处理过的海带，对孩子来说会影响生长发育。对成年人来说，会引起重金属中毒。铜中毒可能会引起坏死性肝炎和溶血性贫血，急性铜中毒者可能会出现呕吐、腹泻等症状，严重者会导致肾衰竭而死亡。

安全提示

在我国已经公布的非法添加剂中，就有硫酸铜的名字，所以用硫酸铜处理海带的行为已经触犯了法律。为了确保大家“舌尖上的安全”，不仅需要市民擦亮双眼，更需要执法部门向食品安全犯罪亮起法律之剑！

那我们怎么才能判断自己购买的海带是否添加了硫酸铜溶液呢?

安全提示

如何辨别海带是否被硫酸铜溶液浸泡过：把海带浸泡在清水中，然后把铁丝放入清水中浸泡一分钟，如果浸泡在水中的铁丝变黑变暗，则说明是问题海带。

第一个方法：可以摸一下海带表面，质地比较硬，表面不是很黏，闻起来比正常的海带的味道要略淡一些，还有一个方法也是最便捷的，实际上我们用一个小工具，很快就可以检测出来，就是铁丝。把疑似有问题的海带放入清水中泡一下，然后把铁丝放入清水中浸泡一分钟，如果是用硫酸铜浸泡过的海带，那么铁丝表面就会变暗，发黑（图 15-2），其实原理很简单，就是我们初中学到的一个置换反应，铁比铜活泼，所以当铁单质加入硫酸铜溶液当中，硫酸铜中的铜就被置换出来了，附着在了铁丝表面，因此铁丝就变得比较暗，然后发乌了。

图 15-2　用铁丝鉴别海带是否用硫酸铜溶液浸泡过

用一根细铁丝我们就可以检验出海带是否被沾染了硫酸铜溶液。我们在购买海带的时候，发现海带上面有白色的霜，这个霜是好还是不好，它到底什么东西呢?

【网络视频资料】

这个其中一部分是盐，还有一部分有些人可能特别不喜欢这个东西，看起来脏脏的，甚至是发霉变质的感觉，这个其实是海带当中，一种非常好的，有功效作用的成分，叫做甘露醇。

甘露醇不仅在海带中有，甘露醇被提取之后，同样可以当做药品来使用。一方面可以帮助我们身体脱去多余的水分，所以它可以消肿，在临床上比如说，对于脑水肿的病人就会用到甘露醇。同时它还是一种缓和的倾泻剂，可以帮助我们促进排便（图 15-3）。

甘露醇不仅在海带中有，甘露醇被提取之后，同样可以当做药品来使用。一方面可以帮助我们身体脱去多余的水分，所以它可以消肿，比如说在临床上，对于脑水肿的病人就会使用到甘露醇。同时它还是一种缓和的倾泻剂，可以帮助我们促进排便。

图 15-3　甘露醇的作用

海带当中甘露醇的含量是非常丰富的，但是有些人可能泡发海带，就会泡好长时间，这个甘露醇的损失就会比较严重了。

也就是说，泡发海带千万别泡太长时间，那我们在生活中应该如何挑选天然的海带呢?

首先颜色过于鲜亮的海带，尽量不要购买，颜色偏暗，偏灰的海带，反而更加安全，购买泡发后的海带，可以用手摸一摸海带，可以用手抠一下海带的表面，如果很容易抠破的海带，就建议大家不要购买了。最后一点，尽量选择鲜海带，鲜海带和干海带还是有区别的，因为这个干和鲜，它最大的区别就是里面的营养素挥发的特别多，包括铜、镁，维生素 C、B_1、B_2 流失很严重。

大家切记，不要因为吃不到鲜的海带就去买干海带，如果有鲜的还是首选鲜的，鲜字当先。除此之外，我们在购买海带时，一定要去正规厂家购买。

芹菜的是与非

芹菜，属伞形科植物。大多数人常吃、常见的芹菜，按植物分类，主要分成三类：一类是芹属的旱芹和西芹，一类是水芹属的水芹，还有一类是欧芹属的欧芹。据现代科学分析，每100克芹菜中含有蛋白质2.2克、脂肪0.3克、糖类1.9克、钙160毫克、磷61毫克、铁8.5毫克，还含有胡萝卜素和其他多种B族维生素。芹菜营养丰富，含有较多的钙、磷、铁及胡萝卜素、维生索C、维生素P等，长期以来既作食用，又作药用。因为芹菜叶茎中还含有药效成分的芹菜苷、佛手苷内酯和挥发油，具有降血压、降血脂、防治动脉粥样硬化的作用；对神经衰弱、月经失调、痛风、肌肉痉挛也有一定的辅助食疗作用；它还能促进胃液分泌、增加食欲。特别是老年人，由于身体活动量小、饮食量少、饮水量不足而易患大便干燥，经常吃点芹菜可刺激胃肠蠕动利于排便。

人们吃芹菜时应注意两点：一是芹菜属凉性食物，阴盛者常吃可清火，阴虚者则不宜多吃，多吃会导致胃寒，影响消化，大便变稀；二是芹菜所含营养成分多在菜叶中，应连叶一起吃，不要只吃茎杆丢掉叶。但是民间关于芹菜的传说有很多，比如杀精、抗癌、通便等等，有些人建议你多吃，有些人又建议你少吃，真不知道该信谁的？我们去听听专家是怎么说的。

程老师，我们知道芹菜是大众菜篮子里的常客，它可以用来炒肉、炒香干、炒百合、炒鸡蛋，也可以凉拌、做馅、做配菜。而它的气味很特别，只要有它在，这道菜总会令人印象深刻。

那咱们今天就先聊聊芹菜的历史：一种说法是说西汉张骞出使西域的时候，把它带回了中原；另一种说法是在北宋年间，由印度传入的。由于年代久远，多数人都认为旱芹是本土品种，以至于将旱芹叫做“本地芹菜”，用来区别于西芹。

彭　程： 我看到市面上有一些白杆的芹菜，它是不是旱芹的变种啊？

对，旱芹大约 17 世纪左右的时候在欧洲经过品种改良，形成了今天我们所看到的西芹。西芹和旱芹最大的区别是杆比较粗，叶子相对比较少。不过严格来说，咱们吃的都是芹菜叶，而看到的那根长长的杆，并不是茎而是叶柄。除了这个变种，还有吃根部的变种，叫根芹菜。水芹原产自东亚，因为生长在水边而得名，在我国至少有数百年的食用历史了。目前它在我国南方种植的比较多，外观和口感上与旱芹、西芹的区别还是挺大的。

原来这小小的芹菜有着这么庞大的家族啊！

有一种叫白芹的，其实属于水芹的一种，是溧阳特产。欧芹，又叫香芹、法国香菜，和其他几种芹菜也是亲戚，中国人虽然不常吃但是却经常见，餐馆里用来装饰的那种皱

巴巴的叶子就是它的一个变种。在西餐中，欧芹也可以弄成碎末当做调料。有一种叫“野芹菜”的，实际应该不能叫“芹菜”，而是毒芹属的毒芹。还有一些在民间叫野芹菜、水芹菜的，跟芹菜一点关系都没有，只是和芹菜一样有刺激性的气味。

安全提示

不要轻易采摘和使用（内服外敷都不要用）一些野生植物，因为常常可能会导致中毒甚至死亡。

最近我在网上看到有人说芹菜吃多了“杀精”，所以男性不能多吃？

从我们目前能看到的一些动物实验来看，芹菜杀精的结果并不一致。有些研究表明，生芹菜汁会降低小白鼠的精子密度，让精子活力下降。但是也有一些研究发现，小鼠的精子密度并没有受到明显的影响，而精子的活力甚至更好。

彭　程： 那程老师，芹菜中的什么成分有这样的作用呢？

芹菜中含有一种叫做“芹菜素”的东西，又叫“芹黄素”，是一种黄酮类化合物。用芹菜素做实验，会发现它似乎对小鼠的睾丸有一定的毒性，对雌性小鼠的生殖能力也有一定负面影响。不过还是那句话，剂量决定毒性，芹菜中芹菜素的含量通常低于千分之一。如果把对小鼠有毒的芹菜素剂量换算成芹菜，相当于成年人每天至少吃 10 公斤芹菜（图 16-1），但谁会这样吃呢？

图 16-1　芹菜素换算成芹菜的量

是的，但是程老师，有一些体外实验发现啊，芹菜素对癌细胞有一定的杀伤作用，它能触发癌细胞的“自毁开关”。

彭　程： 我也看到一些报道，说有许许多多的研究结果从不同的角度显示，芹菜对鼻咽癌、肝癌、肺癌、胃癌、舌癌、结肠癌、膀胱癌、卵巢癌、前列腺癌、甲状腺癌、皮肤癌等癌细胞都有一定的作用。

但是……

您一说“但是”我这心就凉了半截了！

我想说的是，体外实验，或者动物实验的结果不一定能在人体内实现，芹菜素要到达

安全提示

关于芹菜抗癌的说法：目前还没有准确的科学定论，希望大家不要听信谣言，以免给自己的身体带来不必要的伤害。

癌细胞并不容易，而且抗癌所需要的剂量光靠吃芹菜是达不到的。另外，芹菜素杀死癌细胞的剂量会不会对人有其他不良影响呢？这个目前也没有定论。

那我可不可以理解为，别指望芹菜抗癌，指望芹菜抗癌，多少咱有点一厢情愿了。

彭　程：当然，如果科学家揭开芹菜素触发癌细胞的秘密，说不定对预防和治疗癌症会有所启发。

是的。

彭　程：另外，程老师，我们都知道，如果蔬菜水果吃少了，容易便秘。这主要是因为蔬菜水果中含有大量的膳食纤维，其中有些是可溶的，有些是不可溶的，两者都对排便有好处。所以说多吃芹菜也有助于我们的排便是吧？

可溶性膳食纤维可以和水分子结合，比如说豆类、猕猴桃的膳食纤维主要是可溶的。不过，芹菜、韭菜等等叶菜中的膳食纤维主要是不可溶的纤维素、木质素这些人体无法消化的成分，它们是通过刺激肠道蠕动来辅助排便的。所以说芹菜通便有一定的道理，但也需要和其他饮食搭配才好。

彭　程：程老师，有人说多吃芹菜能治疗糖尿病、高血脂、高血压，你怎么看这个说法？

我们前面说了，由于芹菜的膳食纤维主要是不可溶的纤维素，它基本上不参与代谢，因此对于控制和缓解糖尿病、高血脂、高血压的作用也是有限的。但是多吃蔬菜肯定是一个好的膳食习惯。

还有一种说法不知道二位有没有听说过，芹菜是最能瘦脸的蔬菜。

彭　程： 这个我还真知道，因为脸大的困扰，我专门查阅过这块的资料，一大棵西芹中大概含有 4 ~ 5cal（1cal ≈ 4.186J）的热量（图 16-2），但是咀嚼它反而需要消耗 5 ~ 8cal 的热量，进入肠胃中又需要大约 5cal 的热量。这样，消化芹菜所需的热量就超过了它本身提供的热量。而且咀嚼的动作，能起到瘦脸的效果。推荐吃法是西芹炒百合。但我平时吃的比较少，可能效果就不太明显吧。

安全提示

芹菜虽好，但过分强调某种健康益处就有点以偏概全了，要科学看待。

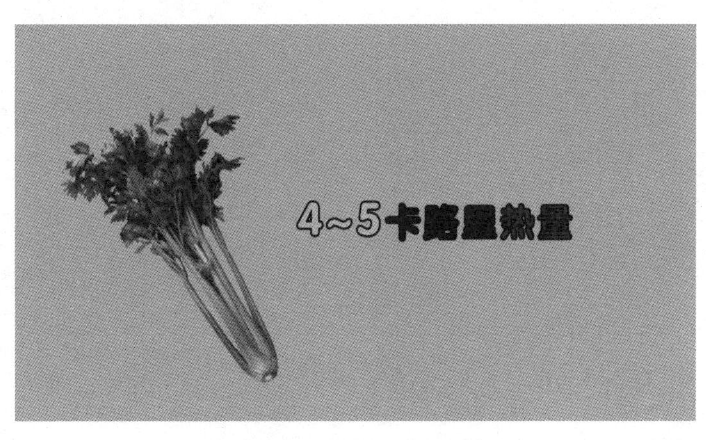

图 16-2　一棵西芹含有的热量

彭程同学，你的理想很好，不过你可以试一试，即使不成功，芹菜和百合还是对我们健康有益的蔬菜。

彭　程：程老师，我又想起了您那句老话，不要离开“总体均衡”“膳食搭配”和“适量运动”来谈营养和健康。

今天聊了这么多，关于芹菜的是与非相信大家也都明白了。

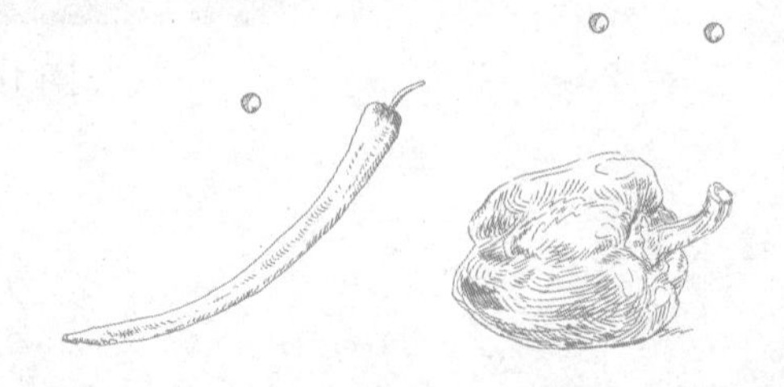

5-17

红薯长了黑斑还能吃吗？

红薯原名番薯，又称甘红薯、芋头、山芋、地瓜、白薯、金薯、甜薯等，不同地区人们对它的称呼也不同，河南与山东大部分称其为红薯，北京人叫白薯，东北人称为地瓜，上海人和天津人称山芋，安徽北方大部分地域和苏北地区的丰县附近称为红芋，陕西、湖北、重庆、四川和贵州称其为红苕，浙江人称其为番薯，江西人称为红薯、白薯、红心薯、粉薯等。

红薯块根中含有 60% ~80% 的水分，10% ~30% 的淀粉，5% 左右的糖分及少量蛋白质、油脂、纤维素、半纤维素、果胶、灰分等。红薯块根具有活性成分，有抗癌、保护心脏、预防肺气肿、糖尿病、减肥、美容等功效，有“长寿食品”美誉。另外，块根除供食用外，还可以制糖和酿酒、制酒精，也可制取淀粉、提取果胶等，制取的淀粉可以制作粉条和粉皮，可以制作美味的菜肴。明代李时珍《本草纲目》记有“甘薯补虚，健脾开胃，强肾阴”，中医视红薯为良药。

但是，我们都知道红薯随着存放时间的延长，有时会出现发霉、发黑、长黑斑的情况，那么，红薯长了黑斑还能吃吗？网上有传言说红薯上如果长了黑斑的话就不能吃了，否则会危害我们的身体健康，这是真的吗？我们一块儿去听听专家是怎么说的。

在开始今天的话题之前，我要请你们来猜个谜语。

哦？什么谜语？说来听听。

“把把绿伞土里插，条条紫藤地上爬，地上长叶不开花，地下结串大甜瓜”，打一种植物。

彭　程： 这个我知道，这说的是红薯，对不对？

猜得不错，就是红薯。程老师，您爱吃红薯吗？

爱吃啊，我记得我小的时候，因为当时粮食特别少，所以谁家里边要有一堆红薯，大家就会觉得这家人生活还不错。

嗯，是的，那个时候真的是粮食匮乏啊！而且我们在影视剧中也经常能看到烤地瓜的情节，我想这是一代人的记忆。那彭程你呢？

彭　程： 虽然我小时候粮食比较充足，但也特别爱吃红薯，不仅红薯好吃，用红薯做的菜也特别美味，拔丝红薯就是一道下馆子必点的。不过程老师，红薯作为大家经常吃的粮食，它的起源好像并不是咱们国家。

的确不是，它是后来传入我国的。从文献记载上看，它是起源于墨西哥以及从哥伦比亚、厄瓜多尔到秘鲁一带的热带美洲。有故事说哥伦布去拜见西班牙女王时，将红薯献给女王，到了16世纪初，西班牙已经开始普遍种植红薯。后来西班牙水手把红薯带到了菲律宾等地，再由菲律宾传至亚洲各地。红薯传入我国是通过多条渠道的，大约在16世纪末，明代的《闽书》《农政全书》、清代的《闽政全书》《福州府志》等均有相关记载。

这样啊，但是红薯储存时间长了以后有个问题，就是有的时候它会长黑斑，之前没做食品安全我也没在意。但是最近我在网上看到一个说法：红薯一旦长了黑斑就是受到了黑斑病菌的污染，吃了会导致中毒甚至死亡，千万不要食用（图17-1）。

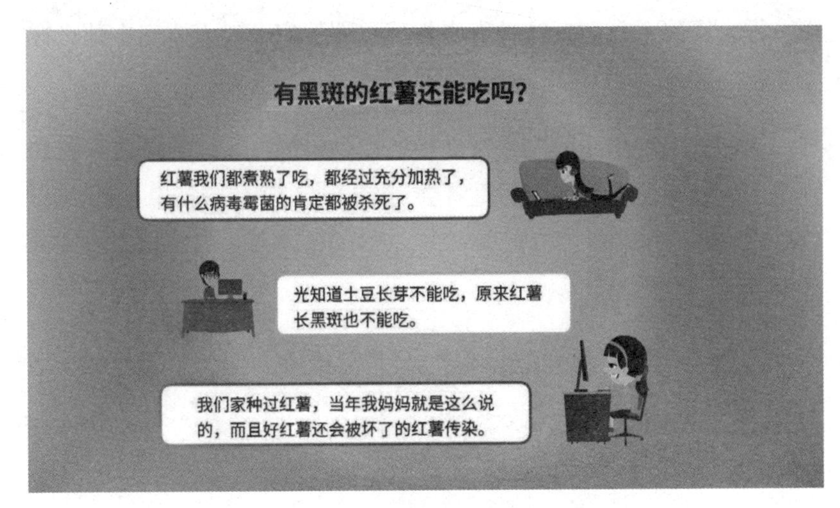

图17-1　关于“有黑斑的红薯还能吃吗”的说法

红薯受黑斑病菌的污染后，会排出甘薯酮和甘薯酮醇等有毒物质，有时会布满整个红薯，如果食用了，会给我们的健康带来风险。

啊？真的会对我们的身体健康产生风险？

别慌，针对这个问题，有研究人员做过一个实验，我们一起去看看你就知道了。

【网络视频资料】

我们首先对长了黑斑的生红薯的黑斑部位进行采样，并对样品进行检测，检测结果确实证实了："在甘薯黑斑病的黑斑里面，有甘薯酮和甘薯酮醇的存在"。

彭　程： 天哪，真的有这种有害物质！那他们会对人体产生什么样的危害呢？

这两种物质确实会对动物造成一定的伤害，有造成肝毒和肺毒的可能性，严重者会引起肝衰、呼吸停滞甚至死亡。

由此看来，误食了长黑斑的红薯真的会对人体产生危害。那么红薯煮熟之后会不会情况就不一样呢？

【网络视频资料】

为了验证这个说法我们将长了黑斑的红薯放在锅里蒸煮两个小时……两个小时后，再次对黑斑部位进行采样检测，结果还有甘薯酮和甘薯酮醇的存在。看来加热并不能对有毒物质起到破坏的作用。那这是不是就意味着红薯一旦长了黑斑就不能再吃了？为了进一步验证传言，我们取生红薯病变部位周围 1 厘米处的薯肉再一次进行检测，结果发现甘薯酮和甘薯酮醇都不存在了。

安全提示

得了黑斑病的红薯，虽然会产生毒素，但大家也不必谈黑斑色变，在生活中，如果碰到长了黑斑的红薯，只要把病变部位清除干净再食用就没问题了。

除此之外，并不是所有长了黑色斑块的红薯都会产生毒素。有一些长了黑斑的红薯是得了“黑痣病”，它仅仅是危害了薯皮，不侵入薯肉，而这个病是不产生甘薯酮和甘薯酮醇的。

彭　程： 由此看来，黑痣病虽然影响了红薯的颜值，但并不会破坏它的本质。

嗯，看来这黑痣病与黑斑病的差别还是蛮大的。在生活中大家一定要分清楚。

安全提示

红薯如果得了黑斑病，它会有一个凹陷的黑斑、病斑，而且它会侵入薯肉，闻起来有一股苦味，这种情况就说明它可能已经产生了甘薯酮和甘薯酮醇，就不要吃了。

5-18

吃香椿有致癌风险吗？

香椿又名香椿芽、香桩头、大红椿树、椿天等，原产于中国，分布于长江南北的广泛地区。香椿芽在合适的温度条件下（白天 18～24℃、晚上 12～14℃），生长快，呈紫红色，香味浓。温室加盖草苫后 40～50 天，当香椿芽长到 15～20 厘米，而且着色良好时开始采收。第一茬香椿芽要摘取丛生在芽薹上的顶芽，采摘时要稍留芽薹而把顶芽采下，让留下的芽薹基部继续分生叶片。采收宜在早晚进行。温室里香椿芽每隔 7～10 天可采 1 次，共采 4～5 次，每次采芽后要追肥浇水。

阳春三月，正是采食香椿的季节。不少专家提到，香椿不仅风味独特，诱人食欲，而且营养价值较高，富含钾、钙、镁元素，维生素 B 族的含量在蔬菜中也是名列前茅。另外研究还发现，香椿对预防慢性疾病有所帮助。其中含有抑制多种致病菌的成分，含有帮助抗肿瘤、降血脂和降血糖的成分，以及相当丰富的多酚类抗氧化成分。也有很多人指出，香椿含有硝酸盐和亚硝酸盐，含量远高于一般蔬菜；而香椿中蛋白质含量高于普通蔬菜，还有生成致癌物亚硝胺的危险，故而食用香椿具有安全隐患，并且《食疗本草》中也有记载：“椿芽多食动风，熏十经脉、五脏六腑，令人神昏血气微。若和猪肉、热面频食中满，盖壅经络也”。故食之不可过量。

俗话说“春吃芽，夏吃瓜，秋吃果，冬吃根”。春天来了，又到了吃香椿芽的季节，每到这个时候就开始怀念家里做的香椿苗炒鸡蛋，不但营养好吃，而且心理上也会觉得有一股春的气息！

柏敏华： 嗯，在我的概念中，这个香椿是我知道的为数不多的几种野菜之一，在我的记忆中：“香椿炒鸡蛋，香椿拌豆腐”味道都超好的！

是的，我想很多朋友和敏华一样，比较喜欢吃香椿苗拌豆腐，香椿芽炒鸡蛋。但是你们知道吗？香椿原产中国。人们食用香椿久已成习，汉代的时候就已经遍布大江南北。

看来吃香椿的历史很悠久了。要么说我国的饮食文化源远流长呢！

是的，香椿树生长于东亚与东南亚地区，虽然北从朝鲜南至泰国、印度尼西亚等地都有种植，但是，咱们国家是世界上为数不多的把香椿当作蔬菜的国家。

柏敏华： 程老师，你这么一说，还真是的，在世界其他国家的菜肴中，还真没有发现用香椿做菜的。

香椿芽的营养极丰富。据测定，每 100 克香椿中含蛋白质 9.8 克（居群蔬之冠），钙 143 毫克，维生素 C115 毫克（仅次于辣椒），磷 135 毫克，另外还有胡萝卜素、核黄素 1.50 毫克、铁、磷等矿物质（图 18-1），是蔬菜中不可多得的珍品。

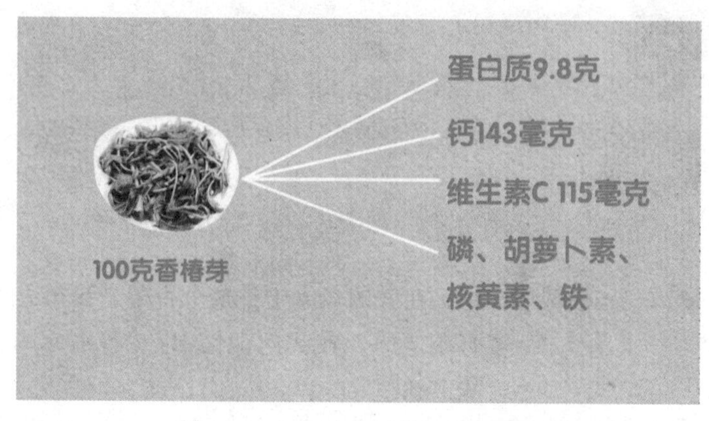

图 18-1　100 克香椿芽的营养含量

这个还真不知道！程老师，关于香椿，最近网上有不少传言：说这个香椿中含有硝酸盐和亚硝酸盐，吃了会对人体健康产生风险。

事物都是一分为二的，对于植物来说，硝酸盐和亚硝酸盐都是营养物质，它们的最终归宿都是合成氨基酸和蛋白质。然而，土壤里的氮元素几乎都是以硝酸盐的形式存在的，所以香椿必须大量地吸收硝酸盐，然后在体内进行还原利用，亚硝酸盐只是还原过程中的中间阶段而已，对植物并没啥伤害。在生长旺盛的部位通常会积累大量的硝酸盐，保证植物的营养供给。

这香椿里的硝酸盐和亚硝酸盐对植物本身是好的，那对人体来说呢？

柏敏华： 我感觉硝酸盐和亚硝酸盐可能会对人体产生一定的影响。

要想弄清楚这个问题，我们得先理清硝酸、亚硝酸和胺这些含氮化合物一家子的关系。硝酸盐和铵类盐本身毒性很

安全提示

一般来说，被人吃下的硝酸盐会通过消化道进入血液，这些硝酸盐会被送到唾液腺中，随着唾液分泌，进入口腔，在这里有众多的细菌把硝酸盐还原成了亚硝酸盐，大多数硝酸盐进入消化道又开始新一轮循环，还有一部分被排出了体外。这个时候，如果胃部的酸性出了问题，亚硝酸盐就很容易与胺类物质结合，最终变身成为强力致癌物质。

低，很少会有人因为接触硝酸盐而中毒。至于亚硝酸盐却不是善茬，它们会抢夺人体中的血红蛋白，让人缺氧。更让人担心的是，它们会跟胺类物质结合生成亚硝胺（图 18-2），亚硝胺是致癌物质。

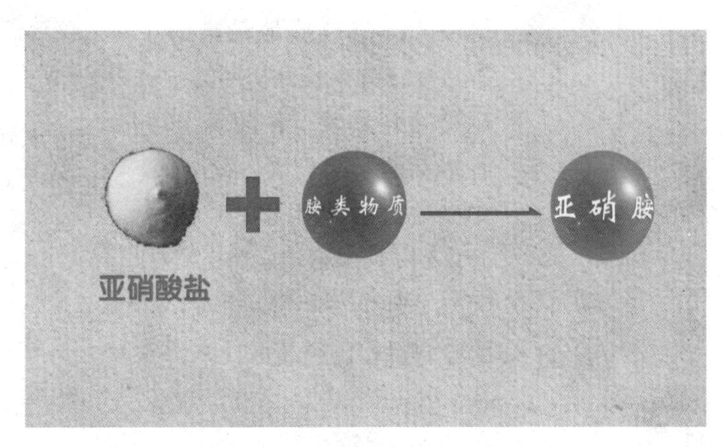

图 18-2　亚硝酸和胺的关系

噢，原来是这样，程老师那意思这香椿是吃不得了？

也不是。香椿中的亚硝酸盐含量其实是很低的，一般来讲不会超过国家限定的4毫克/千克的标准，这在很大程度上与亚硝酸盐很快被还原利用有关，毕竟亚硝酸盐在植物体内也是个过客而已。咱们可以算一下，按照世界卫生组织和联合国粮农组织制定的最高摄入量，一个60公斤体重的成年人最多可以摄入7.8毫克的亚硝酸盐，你们算算那得吃多少香椿？

柏敏华： 那相当于一次吃下4斤左右的香椿了。这有点不可能。

嗯，所以说只要我们适量吃就好。那么关于香椿的选购以及食用还有什么需要注意的地方呢？

第一点，选择质地最嫩的香椿芽，香椿发芽初期的硝酸盐含量较低，随着香椿芽的不断长大，其中硝酸盐的含量也在上升。到4月中下旬之后，大部分地区香椿芽中的硝酸盐含量都已经超标。

安全提示

香椿芽越嫩，其中硝酸盐越少，在储藏的过程中产生的亚硝酸盐也越少。

第一点是要选择质地比较嫩的香椿芽。那第二点呢？

第二点，就是要选择最新鲜的香椿芽，4月中下旬之后，香椿芽中的硝酸盐含量尽管上升，亚硝酸盐含量仍然较低。所以，如果吃新鲜的香椿芽，一般不会引起亚硝酸盐中毒的问题。然而，在室温存放的过程中，大量的硝酸盐就会转化成为亚硝酸盐，从而带来安全隐患。所谓香椿芽亚硝酸盐含量高，正是这样的原因。

柏敏华： 嗯，香椿越鲜越嫩它的危险性就越低。那么我们在食用过程中还需要注意些什么呢？

食用香椿是有一些讲究的。

哦？有哪些讲究呢？

第一就是要用焯烫的方式除去香椿中的硝酸盐和亚硝酸盐。买回来的香椿，或者香椿芽已经不算特别新鲜，但还有香气，扔掉又很可惜，那么不妨焯烫一下。在沸水中焯烫1分钟，可以除去三分之二以上的亚硝酸盐和硝酸盐，同时还可以更好地保存香椿的绿色。

柏敏华： 记住了，吃香椿最好先用开水焯一下。

第二，速冻之前也要焯一下。香椿是季节性蔬菜，很多人喜欢把它冻藏起

安全提示

食用香椿之前焯一下是比较安全的，一方面能除去香椿中三分之二的硝酸盐和亚硝酸盐，另一方面可以储存1个月以上，而且维生素C也会得到更好的保存。

来慢慢享用。那么，香椿速冻之前也要焯一下。焯烫 50 秒之后，装入封口塑料袋，放在冰箱速冻格中，就可以储存 1 个月以上，不仅安全性大大提高，而且维生素 C 也得以更好保存。

柏敏华： 程老师，我还有个问题，我看我妈妈还挺喜欢用盐腌制椿芽的，家里人也蛮爱吃的。那么这个香椿在腌制过程有什么需要注意的吗？

嗯。关于腌制椿芽啊，我们要注意这个腌制时间要稍微长一些。因为香椿腌制之后，亚硝酸盐的含量会迅猛上升，在三四天的时候达到高峰，含量远远超过许可标准。最安全的做法还是把焯烫后的香椿腌到二周之后，等亚硝酸盐含量降低之后再食用。加入维生素 C 等配料也可以降低腌制中亚硝酸盐的含量。

原来是这样。那喜欢吃腌制椿芽的朋友们可要注意了，耐心等两周之后再吃，千万不要嘴馋。还有，如果香椿已经不够新鲜，但是没有坏掉，那么不妨在吃的时候，配一些其他的新鲜蔬果，尽量避免亚硝酸盐带来的隐患。

蕨菜真的致癌吗?

蕨菜又叫拳头菜、猫爪、龙头菜，喜生于浅山区向阳地块，多分布于稀疏针阔混交林；其食用部分是未展开的幼嫩叶芽，经处理的蕨菜口感清香滑润，再拌以佐料，清凉爽口，是难得的上乘酒菜，还可以炒着吃，加工成干菜，做馅、腌渍成罐头等。在中国以及东南亚有广泛分布，而在这些地区餐桌上也受到了欢迎。蕨菜种植一次可采收 15 ~ 20 年，每年 5 ~ 6 月份采收。当苗高 25 ~ 40 厘米、叶柄幼嫩、小叶尚未展开时，即应采收。10 ~ 15 天后采收第二次，一年可连续采收 2 ~ 3 次。注意不能成片全部采集，每次只能采收 2/3 ~ 3/4。

据有关史料记载，蕨菜始于西周，最早蕨是当祭品用的。它的名字最早见于《尔雅》。《吕氏春秋》曰："菜之美者：有云梦之苢"。这里的苢，就是蕨类野菜。《诗经》则有："陟彼南山，言采其蕨"、"山有蕨薇，隰有杞桋"的诗句。《诗经 · 陆玑疏》云："蕨，山菜也。初生似蒜，紫茎黑色，可食如葵"。

蕨菜还含有 18 种氨基酸等。现代研究认为蕨菜中的纤维素有促进肠道蠕动，减少肠胃对脂肪吸收的作用。蕨菜味甘性寒，入药有解毒、清热、润肠、化痰等功效，经常食用可降低血压、缓解头晕失眠。蕨菜还可以止泻利尿，其所含的膳食纤维能促进胃肠蠕动，具有下气通便、清肠排毒的作用，还可治疗风湿性关节炎、痢疾、咳血等病。并对麻疹、流感有预防作用。但是网上有传言说：蕨菜致癌？这是真的吗?

很多人都吃过蕨菜，用蕨菜的根磨成粉，叫蕨根粉，口感清爽，深受大家喜爱，每次我去饭店，也是必点菜之一。

是的，蕨根粉营养丰富，是一种比较好的食物。

但最近不少朋友问我，说在电视上看到报道说蕨菜致癌，长期食用对身体有害无利。蕨菜到底是天然的健康食品，还是致癌食物？到底哪个才是真相？还能吃蕨菜和蕨根粉吗？

蕨菜是一种天然的野菜，许多地方把它的嫩芽当作蔬菜，也从根中提取淀粉。但是，作为一种植物性食物，蕨菜的营养价值其实并没有传统认为的那么好，也没有什么特殊的保健作用。实际上，蕨菜并非是无可替代的。

安全提示

在日常生活中常吃的很多蔬菜都可以替代蕨菜提供的维生素和矿物质等。

而且蕨菜给我们带来的担心是，蕨菜中也存在着一些天然的毒性物质，吃蕨菜制品还是要谨慎的。

那报道上说的是真的了？蕨菜真的致癌？

事实上，早在20世纪40年代，科学家就有研究发现，在蕨菜生长繁茂的牧场上养殖的牛，它们慢性血尿症的发生率明显升高（图19-1），后来逐渐发现蕨菜会导致牛、老鼠等动物诱发癌症，蕨菜的致癌风险才被人们关注。

图19-1　蕨菜对牛的影响

柏敏华： 那蕨菜为什么会存在致癌性呢？是因为它里面含有什么物质吗？

直到1983年才有科学家找到答案：蕨菜中有一种叫做“原蕨苷”的天然毒素，它有很强的致癌性。在人群流行病学研究中，科学家也发现，喜欢吃蕨菜与胃癌、食管癌等恶性肿瘤有关联。基于这样的结果，国际癌症研究机构（IARC）将蕨菜归为2B类致癌物，与氯仿、敌敌畏、硝基苯等物质归在一起。2B类的蕨菜是证据尚不充分的人群致癌物。

听您介绍到这里，包括我在内的很多人都特别揪心：美味的蕨菜和蕨根粉还能不能吃了？还有您说的那个2B类致癌物到底是什么东西？

其实，2B类致癌物只是说致癌证据的一个强度，并不意味着吃了蕨菜就一定会得癌症。你每天都会晒太阳吧，一些朋友还吸了不少雾霾吧，朋友聚餐是不是还要喝点酒啊？阳光中的紫外线，大气污染，酒精饮料，这几种可都是1类致癌物。所以我们也没必要过分担心，就觉得这个蕨菜不能吃了。

柏敏华： 哦，原来是这样，所以我们也没必要过分担心，这个蕨菜还是能吃的。

是，经过处理的蕨菜，其中所含的原蕨苷也会大量地减少，蕨菜也变得安全多了。比如，蕨菜的嫩叶部位在经过浸泡漂焯、蒸煮煎炒后，原蕨苷的含量也会大大减少，少则减少一半，多的能减少将近90%。而且，蕨菜中不同部位的原蕨苷含量也有很大差异，蕨的幼嫩叶部的原蕨苷含量大约是根部的10倍左右（图19-2）。

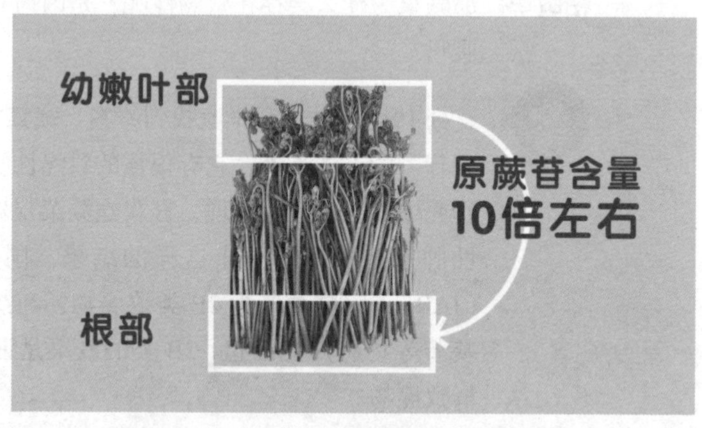

图19-2　蕨菜不同部位原蕨苷含量的差异

柏敏华：程老师，如果这样说的话，要是我们大家实在担心，少吃点蕨菜叶子也会放心不少。

安全提示

蕨菜的嫩叶部位在经过浸泡漂焯、蒸煮煎炒后，原蕨苷的含量会大大减少。

对。因为蕨根粉是从野生蕨菜的根里提炼出来的淀粉，所以，蕨根粉的风险小于鲜蕨菜，处理得当的蕨菜也不一定有很大风险。而且，实际生活中癌症是否真正发生，往往是多种因素、经年累月共同作用的结果。除了致癌物的作用外，遗传因素、生活习惯、居住环境等因素都对癌症是否发生产生影响。

安全提示

致癌，或者说患肿瘤，基因是一个主要的原因；但是，健康的生活方式仍是重要的因素之一；不要忘记摄入剂量的控制。

所以，偶尔吃点蕨根粉倒也不用太担心。那我们吃多少才是安全的呢？

有些人还是希望能给出一个明确的量，这样比较好操作。不过，蕨菜的致癌性并没有一个明确的“安全剂量”，科学家也不能给出一个明确的答案。对于大众来说，我们只能说：为了降低癌症的风险，建议还是尽量少吃蕨菜。当然，口腹之欲也是人生一大乐趣。如果实在喜欢蕨菜、蕨根粉的美味，尝尝也无妨。但如果你本来就不喜欢蕨菜，也没必要特意去品尝个新奇了，更不要因为盲目相信蕨菜的保健功能而大吃特吃。

柏敏华： 我明白了，蕨菜即使是纯天然的食品、无毒无公害，它也没有像有些宣传的那样有什么特别神奇的保健功效。

作为普通大众，咱们还是尽量少吃蕨菜和蕨菜类食品为好。如果要吃，也要尽量控制食量，浅尝辄止。

5-20

生吃茄子要当心

中国栽培茄子历史悠久，类型品种繁多，可以说中国是茄子的第二起源地。西晋嵇含撰写的植物学著作《南方草木状》中说，华南一带有茄树，这是中国有关茄子的最早记载。至宋代苏颂撰写的《图经本草》记述当时南北除有紫茄、白茄、水茄外，江南一带还种有藤茄等。茄子的营养丰富，含有蛋白质、脂肪、碳水化合物、维生素以及钙、磷、铁等多种营养成分。多吃茄子能降低高血脂、高血压；防治胃癌；抗衰老；清热活血、消肿止痛；保护心血管、抗坏血酸；治疗冻疮；清热解毒；降低胆固醇等。

茄子味甘性寒，入脾胃大肠经，具有清热活血化瘀、利尿消肿、宽肠之功效。治肠风下血、热毒疮痈、皮肤溃疡。明代李时珍在《本草纲目》一书中记载，茄子治寒热，五脏劳，治温疾。据《中药大辞典》介绍，茄子的主要化学成分是含有多种生物碱，如葫芦巴碱、水苏碱、胆碱、龙葵碱等，茄皮中含色素茄色苷、紫苏苷等。

茄子的吃法荤素皆宜。既可炒、烧、蒸、煮，也可油炸、凉拌、做汤。吃茄子最好不要去皮，因为茄子皮里面含有维生素 B，维生素 B 和维生素 C 是一对好搭档，维生素 C 的代谢过程中需要维生素 B 的支持，带皮吃茄子有助于促进维生素 C 的吸收。但是最近网上流传说生吃茄子有着神奇的减肥功效，真有这么神奇吗?

茄子是咱老百姓餐桌上最为常见的蔬菜之一，红烧茄子、清蒸茄子、烤茄子都特别好吃，但是您生吃过茄子吗？据说这生吃茄子可是有着神奇的减肥功效，是很多爱美女士的首选，我们一起来看一看。

【网络视频资料】

因为我是上班族，平时时间比较少，也没有时间去健身什么的，然后我就在网上看见一个减肥的方法，生吃茄子。我平时就把茄子切成一小块一小块，起床的时候会把它当水果来吃。然后我发现我吃了一段时间之后，还真的蛮有效的，我大概一共瘦了有十五斤吧。

看来这生吃茄子貌似还真的有减肥的神奇功效，而且它的减肥功效可是要比平常大家比较青睐的西红柿和黄瓜减肥法有用得多。那么事实果真是这样的吗？为了一探究竟，我们的记者从市场上买来了西红柿、黄瓜和茄子进行比较实验。首先我们把买来的黄瓜、西红柿和茄子用刀切成片，并保证三种蔬菜的重量相同（图 20-1）。然后我们准备了三个量器，并在量器内倒入了约 400 毫升的食用油来模拟人体内的油脂。接下来我们把等量的三种蔬菜分别放入食用油当中（图 20-2），放置相同的时间后来观察哪个量器中的油量减少得多。

图 20-1　同等重量的三种蔬菜

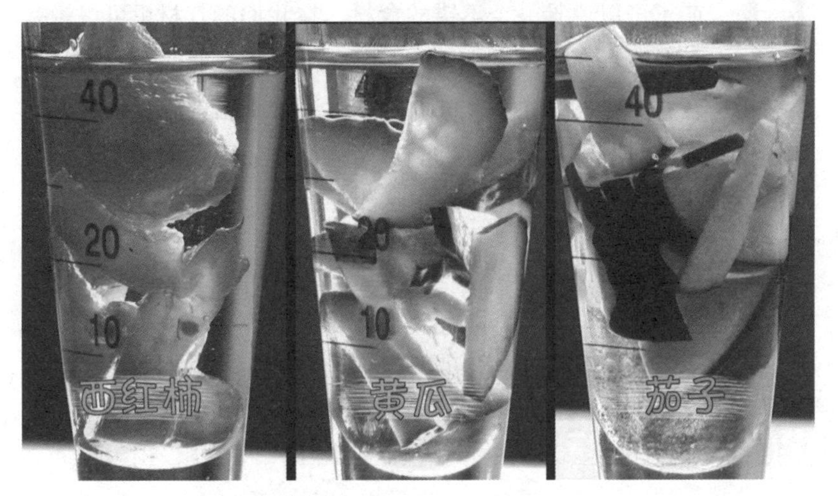

图 20-2　等量的三种蔬菜放在等量的食用油中

十分钟后，我们将量器中的蔬菜沥干油拿出来，我们可以很明显地看到，放置西红柿和黄瓜的量器内油量的变化不是特别明显，而放置茄子的量器内的油量却明显下降不少（图 20-3）。通过实验我们可以看出，相比同等重量的黄瓜西红柿，茄子的吸油量的确要大。但是问题来了，这生吃茄子毕竟不是很常见，那么这种方法科学吗？我们一起来听听专家是怎么说的。

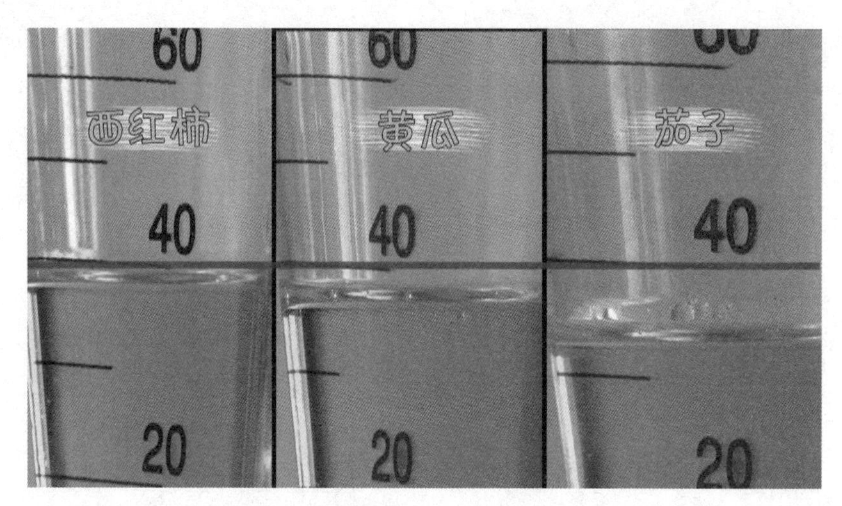

图 20-3　三种蔬菜吸油情况的对比图

茄子可以说是一个不错的食材，在我们的食材里可以说是一个明星蔬菜。老少皆宜，不仅热量低，脂肪少，而且还有着丰富的维生素。同时茄子含有很丰富的膳食纤维，它确实对减肥是有帮助的。但是，从食品安全的角度来讲，建议大家还是尽量不要生吃茄子。

但是，最近有一个名为“巫师的果实”的百家号发表了一篇名为“吃茄子等于吃毒药，99% 的中国人不知道！”的文章在朋友圈疯传，又惹得一众美食爱好者很是担忧，为什么吃茄子竟然等同于吃毒药呢？

“茄子有毒”的这个说法有点太过于夸张了。我刚才讲到的，茄子尽量不要生吃，其实主要是因为茄子当中有一种物质，叫茄碱。这种物质其实我们在以前的节目当中探讨过，它还有另外一个名字，叫龙葵碱。

龙葵碱又名茄碱、龙葵毒素、马铃薯毒素，是由葡萄糖残基和茄啶组成的一种弱碱性糖苷。龙葵碱广泛存在于马铃薯、番茄及茄子等茄科植物中。它是一种生物碱，主要见于秋茄当中。另外，在发芽土豆的绿色部位中含量也比较高（图 20-4）。

龙葵碱又名茄碱、龙葵毒素、马铃薯毒素，是由葡萄糖残基和茄啶组成的一种弱碱性糖苷。龙葵碱广泛存在于马铃薯、番茄及茄子等茄科植物中。
它是一种生物碱，主要见于秋茄当中。
另外，在发芽土豆的绿色部位中含量也比较高。

图 20-4　龙葵碱的概念

安全提示

茄子这一类所有的植株器官中都含有茄碱，茄碱含量受到植株器官位置、品种和成熟度等因素的影响存在一定的差异。有实验显示，茄子果实的茄碱含量显著高于其他各个器官；紫茄子的茄碱含量极显著地高于绿茄子；未成熟茄子的茄碱含量远高于成熟茄子；果肉中的茄碱含量远高于果皮和果蒂。

原来茄子尽量不要生吃的原因是因为茄子当中含有茄碱，也就是我们以前所说的龙葵碱，那么食用含有茄碱的食物又会对人体造成哪些影响呢？

茄碱的中毒症状一般主要是咽喉部瘙痒、头晕、恶心、腹泻等，重者会出现耳鸣、脱水、昏迷、呼吸困难等。出现此类症状的原因是因为茄碱具有溶血作用，破坏红细胞，同时还刺激黏膜引起脑充血、水肿，最可怕的是造成血压骤降、中枢神经系统和呼吸系统麻痹等。

既然茄子里面含有毒素，那么这人人喜爱的茄子还能吃吗？记者在网上调查发现，其实茄子当中所含的茄碱是很少的。一般来说，成年人食用0.2～0.4克茄碱才会中毒。我们以0.2g计算，每克紫茄子中茄碱的平均含量为0.61毫克，每克绿茄子中茄碱的平均含量为0.19毫克，这样算下来至少生吃328克紫茄子或者1052克绿茄子才会中毒，也就是说生吃一个半紫茄子或者4个绿茄子才会中毒（图20-5）。

安全提示

不要抛开剂量谈毒性，茄子中的茄碱含量是很低的，平时吃并不会达到中毒的量，但是尽量不要生吃茄子。

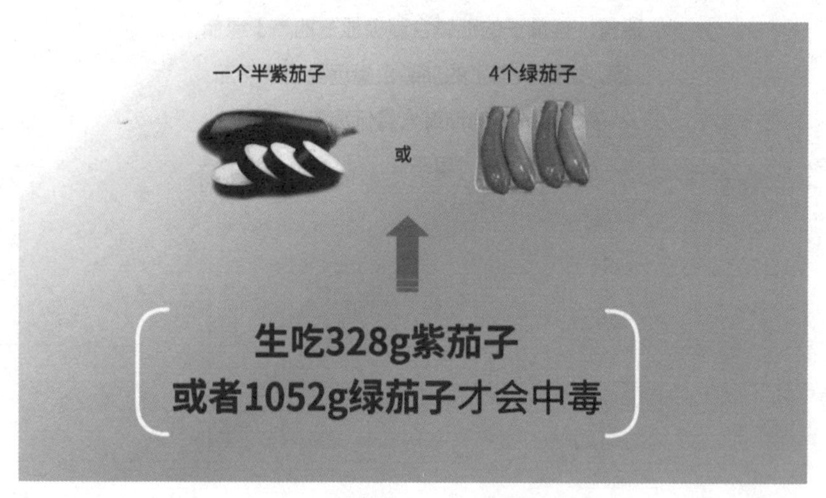

图20-5 不同颜色茄子生吃的中毒量

在日常生活中我们要尽量规避茄子的食用风险。在选材上，建议大家选择成熟的茄子。虽然绿茄子茄碱含量比紫茄子低，但紫茄子的茄碱含量也高不到影响您的健康，不必为绿茄子好还是紫茄子好而太纠结，除非你一次吃一斤，否则就不会有中毒的危险。另外烹调茄子的时候可以添加少许的醋。因为茄碱虽然不溶于水，但是与稀酸一起加热可以被水解为茄啶和糖，这样的话就安全多了。

安全提示

怎样规避茄子的食用风险：尽量选择成熟的茄子；烹调茄子的时候可以添加少许的醋。

喜欢吃茄子的朋友们一定要记住程老师给出的这几条建议，尽可能地规避一些食用风险，当然更重要的是一定不要轻信一些网络谣言，要学会科学认知。

“香蕉浸泡不明液体”有毒?

我们都知道，香蕉是我们生活中最常见的热带、亚热带水果之一，中国汉代的时候就开始栽培香蕉，那时称为“甘蕉”。据说，汉武帝起扶荔宫时，收集天下奇花异木，其中就有香蕉。晋人稽含记述香蕉说：“剩其子上皮，色黄白，味似葡萄，甜而脆，亦疗肌”。公元 3 世纪时，亚历山大远征印度发现香蕉，此后才传向世界各地。埃及考古学家在出土文物中发现，远在 4000 年前的埃及陶器上就画有香蕉的图案，非洲栽培香蕉的历史比中国还早。据说希腊人在 4000 多年前就开始食用香蕉。古印度和波斯民间认为，金色的香蕉果实乃是“上苍赐予人类的保健佳果”。传说，佛教始祖释迦牟尼由于吃了香蕉而获得了智慧，因而被誉为“智慧之果”。

香蕉营养价值特别高，每 100 克果肉含碳水化合物 20 克、蛋白质 1.2 克、脂肪 0.6 克；此外，还含多种微量元素和维生素。其中维生素 A 能促进生长，增强对疾病的抵抗力，是维持正常的生殖力和视力所必需的；硫胺素能抗脚气病，促进食欲、助消化，保护神经系统；核黄素能促进人体正常生长和发育。香蕉除了能平稳血清素和褪黑素外，它还含有具有让肌肉松弛效果的镁元素，工作压力比较大的朋友可以多食用。但是最近网上出现了有人用不明液体浸泡香蕉的视频，一时间，引起了人们的恐慌，这浸泡香蕉的是什么东西呢？对人体有没有危害？

香蕉肉质软糯，香甜可口，是很多人喜欢的一种水果。近日，一则“香蕉浸泡不明液体”的短视频在微博、微信上广泛流传，有不少消费者担心这不明液体有毒，会危害身体健康，这到底是怎么回事呢？我们一块儿去了解一下。

【网络视频资料】

“香蕉浸泡不明液体”的短视频在微博和微信上广泛流传，视频中的工人将青香蕉在乳白色的液体中浸泡后再进行包装等后续工作，这让不少消费者担心这不明液体是否有毒？是否会危害身体健康？并且视频评论中也有网友称这不明液体就是甲醛。事实真的如此吗？视频中浸泡青香蕉的做法到底是怎么回事？这“不明液体”究竟是什么呢？

每年都有大量的香蕉“北上”来到老百姓的餐桌，它是一种“呼吸跃变型”水果，采摘后呼吸旺盛，易患炭疽病和轴腐病。

炭疽病表现为香蕉长出暗褐色的黑点，然后很快扩大融合，几天之内整个香蕉就会变黑烂掉（图 21-1）。

图 21-1　炭疽病的症状

轴腐病俗称“白霉病”，首先是香蕉的切口处出现白色霉变并腐烂，然后继续向果柄发展，呈暗褐色，导致香蕉掉落，后期整个香蕉发病，果皮裂开果肉变性（图 21-2）。

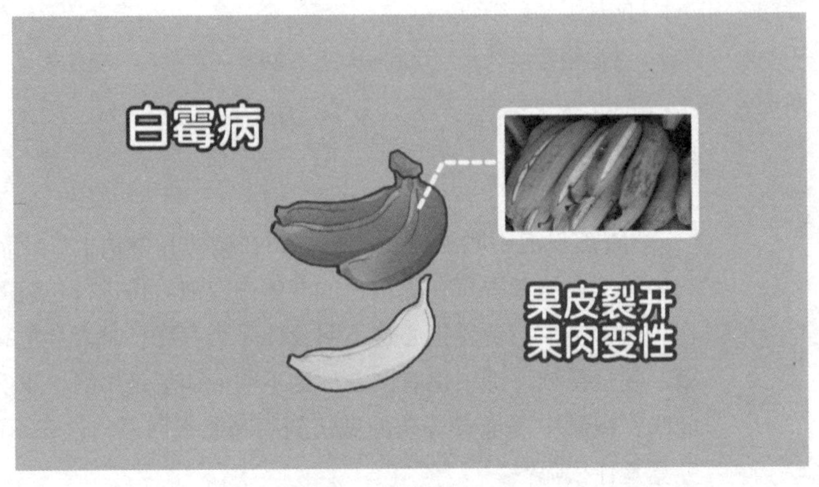

图 21-2　轴腐病的症状

根据香蕉本身的特性，长距离运输的需要保鲜处理，那视频中浸泡香蕉的保鲜剂是不是人们所说的甲醛呢？

安全提示

割蕉后，产地周边鲜销的就直接入库贮存了，需要长距离运输的则马上就要做保鲜处理。

一般来说，浓度为 35% ~ 40% 左右的甲醛水溶液，就是我们常说的福尔马林溶液。甲醛确实有防腐的作用，在农业上可以用来浸种，对种子进行消毒，浓度仅为 0.1% ~ 0.5%，但甲醛本身并不是食品原料和食品添加剂，所以不能用于食品中。视频中使用的保鲜剂也不是甲醛，为什么呢？因为目前来说，我国果蔬保鲜大概有以下几种方式：超声波加湿机保鲜法：通过加湿产生水雾，增加空气湿度来保持蔬菜新鲜，该方法相对安全；冰镇保鲜法，但成本较高，多用于肉类生鲜；添加保鲜剂法：通过添加保鲜剂延长果蔬的新鲜时间，是最为常用的一种办法，视频中将香蕉在液体中浸泡再储存就是使用的这种办法。

既然浸泡香蕉的乳白色液体不是甲醛，那香蕉是使用什么保鲜剂来保鲜的呢？

视频中人们对香蕉进行保鲜处理的保鲜剂呈乳白色，是因加有乳化剂，因为有些药剂不溶于水，需要乳化剂来辅助。一般来讲，保鲜剂最主要的成分有两种：一是植物生长调节剂（也就是常说的植物激素），比如 1-MCP；由于“呼吸跃变型”水果的成熟过程高度依赖乙烯，因此高效阻断乙烯的 1-MCP 保鲜效果非常好。它需要在香蕉开始产生大量乙烯前使用，否则一旦香蕉进入“青春期”就势不可挡了。二是杀菌剂，比如咪鲜胺、异菌脲等，都是高效、广谱、低毒型杀菌剂。

咪鲜胺又名扑菌唑、扑霉唑，是广谱性杀菌剂，香蕉采收后用 45% 水乳剂，450 ~ 900 倍液浸果 2 分钟后贮藏。

异菌脲又名扑海因、桑迪恩，是二甲酰亚胺类高效广谱、触杀型杀菌剂。适用于防治多种果树、蔬菜、瓜果类等作物早期落叶病、灰霉病、早疫病等病害（图 21-3）。

咪鲜胺又名扑菌唑、扑霉唑，是广谱性杀菌剂，香蕉采收后用45%水乳剂，450～900倍液浸果2分钟后贮藏。

异菌脲又名扑海因、桑迪恩，是二甲酰亚胺类高效广谱、触杀型杀菌剂。适用于防治多种果树、蔬菜、瓜果类等作物早期落叶病、灰霉病、早疫病等病害。

图21-3　咪鲜胺和异菌脲的概念

这些都是国际公认的低毒杀菌保鲜剂，降解速度较快，并且都经过主管部门登记，允许在香蕉保鲜中使用。而且在食品安全国家标准《食品中农药最大残留限量》中明确规定了各种农药的残留限量，比如：香蕉中咪鲜胺的最大残留限量为5mg/kg，异菌脲最大残留限量为10mg/kg。

安全提示

如何延长香蕉的保存时间？

1. 买回家的香蕉用清水冲洗几遍，可延长存放时间5～7天不变质。
2. 香蕉最好悬挂，减少受压程度，以凸面朝上为宜。
3. 香蕉保存在8～23℃最合适，高温容易过熟变色；而温度过低，易发生冻伤现象（图21-4）。

近年来对香蕉贮藏保鲜环节的监测数据显示，部分香蕉产品中不同程度检出咪鲜胺、异菌脲等保鲜剂残留，但残留量均在国家规定的残留限量范围内，符合国家标准要求，另外，消费者也不用太担心它们被滥用，因为使用浓度过高，会适得其反，不但水果储存时间缩短，腐烂率也会上升。

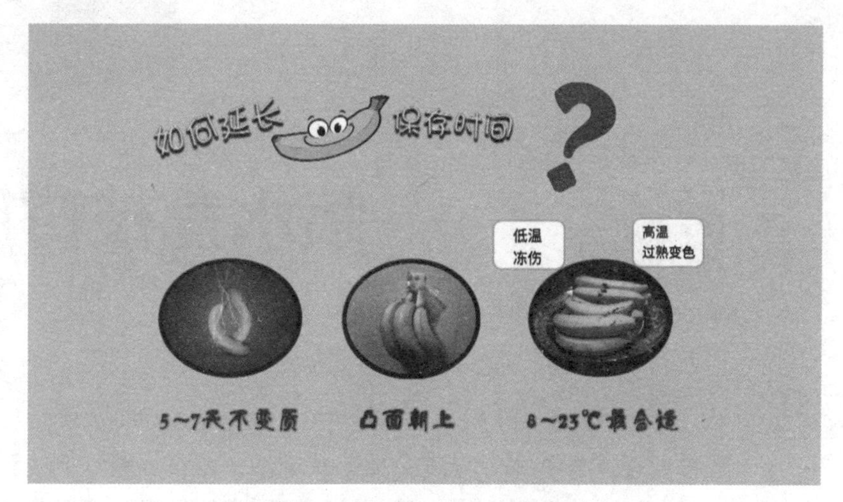

图 21-4　延长香蕉保存时间的方法

在夏季，会有各种应季果蔬上市，提醒大家注意食品安全的同时，也要学会辨识谣言。增加科学知识，学会理性判断，不要被“谣言”牵着鼻子走！

喷水荔枝背后的玄机

荔枝属于常绿乔木，果皮有鳞斑状突起，鲜红，紫红。成熟时至鲜红色；种子全部被肉质假种皮包裹。花期春季，果期夏季。果肉产鲜时半透明凝脂状，味香美，但不耐储藏。分布于中国的西南部、南部和东南部，广东和福建南部栽培最盛。亚洲东南部也有栽培。荔枝与香蕉、菠萝、龙眼一同号称“南国四大果品”。

最早关于荔枝的文献是西汉司马相如的《上林赋》，文中写作“离支”，割去枝丫之意。原来，古人已认识到，这种水果不能离开枝叶，假如连枝割下，保鲜期会加长。对此，明代李时珍也认可。《本草纲目 · 果三 · 荔枝》[释名]:“按白居易云：若离本枝，一日色变，三日味变。则离支之名，又或取此义也。”大约东汉开始，“离支”写成“荔枝”。

荔枝营养丰富，含葡萄糖、蔗糖、蛋白质、脂肪以及维生素 A、B、C 等，并含叶酸、精氨酸、色氨酸等各种营养素，对人体健康十分有益。荔枝具有健脾生津，理气止痛之功效，适用于身体虚弱，病后津液不足，胃寒疼痛，疝气疼痛等症。现代研究发现，荔枝有营养脑细胞的作用，可改善失眠、健忘、多梦等症，并能促进皮肤新陈代谢，延缓衰老等。每次买荔枝的时候，荔枝都是湿漉漉的，上面全是水，起初以为是商家为了增重给荔枝喷的水，但是最近网上爆出：商贩们给荔枝喷的不是水，既然不是水那又是什么呢？我们一块儿去了解一下。

眼下又到了荔枝成熟的季节，半透明的果肉、香气四溢、甜美多汁，深受大家喜爱，但是你发现了吗？每年荔枝上市的时候，商贩们总是隔几分钟就给荔枝喷水，可他们喷的仅仅是水那么简单吗？

【网络视频资料】

在批发市场，记者发现很多商家把荔枝浸泡在透明液体中，有的泡沫箱里的液体还发黄浑浊，这样的荔枝每斤五六块钱，而另外一种个头稍大的荔枝，泡沫盒里的液体较少，每斤价格十多块钱，同样是荔枝价格差了一倍，那么用来浸泡荔枝的液体会不会有什么猫腻呢？

随后商贩带记者来到仓库，从里面搬出整箱的荔枝，当场开箱，每箱荔枝上面都有海绵覆盖，的确有不少水分，商贩们说这些海绵上本来是装着冰块，为的是在运输过程中保鲜，虽然每个箱子里都有充足的水分，但荔枝拿出来后，一些商贩仍然用水壶向装满荔枝的箱子里喷洒液体。

【网络视频资料】

商贩：洒点水，这东西主要是不能离水，离了水就不好看了。

记者：这个水真黄啊？

商贩：荔枝上面肯定要掉颜色

按照水果商贩的说法，之所以给荔枝喷水，是因为荔枝属性特殊，离不开水，不然外观颜色就会发生褐变，影响销售，事实真的如此吗？如果真的只是喷水而已，那箱子里的液体为什么又会呈现黄色呢？

【网络视频资料】

知情人士：其实有些商户喷的水，就是稀释过的盐酸，其实它的作用就是让荔枝的表面更加好看，也有喷洒二氧化硫的，让它起到防腐的作用，还有就是可以防止它褐变。

按照业内人士的说法，荔枝在二三十摄氏度的气温下，室外保存一两天就会变质，而稀释过的二氧化硫喷洒在荔枝表面，不但能让其变得好看，更重要的是起到防腐保鲜的作用，为了验证这一说法，记者分别购买了几种荔枝送到专业检测机构进行检测。

【网络视频资料】

实验结果可以看到，第二个样品的颜色稍微深一点，疑似使用了一定量的保鲜剂，主要成分就是二氧化硫。

近年来保鲜剂的使用十分普遍，在水果运输贮藏保鲜过程中，保鲜剂是必不可少的，不但可以防腐，而且可以避免水果产生毒菌。以液态化学保鲜剂为例，它的工作原理就是药品溶于水后，能在荔枝表面迅速形成一种不可见的透明膜（图 22-1），降低植物的呼吸强度，延缓果实衰老。

图 22-1　保鲜剂原理

有些荔枝保鲜剂中含有二氧化硫，二氧化硫对食品有漂白和防腐作用，使用二氧化硫能够使食品达到外观光亮、洁白的效果，是食品加工中常用的漂白剂、防腐剂和抗氧化剂。但是如果使用过量，二氧化硫会透过表皮渗透到果实的内表皮，而二氧化硫易被湿润的黏膜表面吸收生成亚硫酸、硫酸，对眼及呼吸道黏膜有强烈的刺激作用，大量吸入可引起肺水肿、喉水肿，影响人体健康。

为了不影响身体健康，那我们该如何辨别荔枝的好坏呢？

想要辨别荔枝的好坏，挑选到好的荔枝，在这儿我告大家几个技巧：

1. 看颜色：无论多么新鲜的荔枝，都不是完全鲜艳的红色，而是带有一些杂色。所以选择外表红青相间颜色的荔枝，这样的一般都是比较新鲜的。如果果皮上出现黑色或者褐色，则说明荔枝已经变质，大家一定要小心。

2. 凭手感：在选购荔枝的时候，可以用手轻轻地按捏一下，看看是不是有弹性。所以挑选荔枝的时候，尽量要选择那些稍硬一些，有弹性的，如果摸起来手感觉潮热、甚至有烧手感觉就不要买了。

3. 闻气味：新鲜荔枝都有一股清香的味道，如果有酒味或是酸味等异常的味道，说明荔枝可能已经变质了，如果闻不出来味道的，可能是还未成熟的。所以挑选荔枝的时候，要选择闻起来有清香味的。

4. 尝果肉：挑选荔枝的时候，可以剥开荔枝，看果肉是否晶莹剔透，如果是晶莹剔透，那就是比较新鲜的，如果不是，可能就有点变质了。

5. 看果皮和大小：挑选荔枝的时候，要看果皮上面的龟裂片，也就是我们所说的鳞片，龟裂片如果细小而紧密，那么这种荔枝还没有达到成熟期，如果龟裂片相对较大并且规则，那么这种荔枝的口感会相对较好。

安全提示

如何辨别荔枝的好坏：看颜色，选择颜色红青相间的荔枝；凭手感，选择稍微有些软，但又不失弹性的荔枝；闻气味，选择闻起来有清香味的荔枝；尝果肉，选择果肉晶莹剔透的荔枝；看果皮和大小，选择已经成熟的，且表面龟裂片细小而紧密的荔枝。

"一骑红尘妃子笑，无人知是荔枝来"，昔日王公贵族才能吃到的荔枝，现在早已走入了千家万户。但这同样也告诉我们，荔枝的保鲜是一项比较艰难的工作，那我们在买回家吃剩的荔枝应该如何保鲜呢？

买回家吃剩下的荔枝要保鲜呢，首先，要把吃剩下的荔枝重新检查一下，把已经开始霉变的荔枝扔掉，要不然细菌

会直接攻击其他健康的荔枝。其次，把荔枝的枝干剪掉，因为枝干会吸收荔枝的水分，不利于保鲜。然后将荔枝分成小份用袋子装起来，最好是密封（图 22-2）。最后将密封好的荔枝放入冰箱保存。

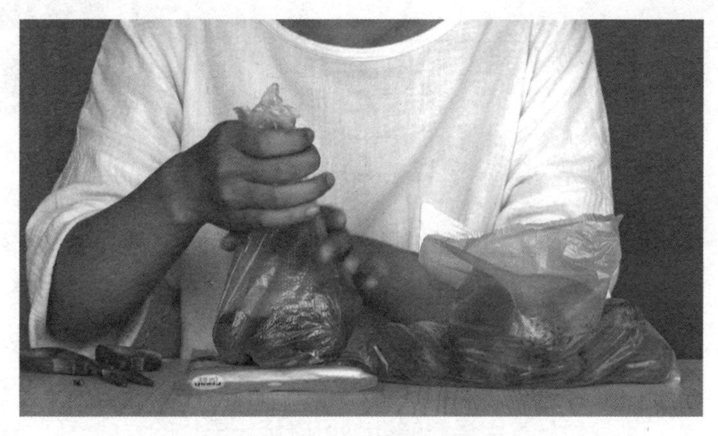

图 22-2　荔枝的保鲜方法

只有大家掌握了辨别荔枝好坏的技巧，懂得如何给荔枝保鲜，才能在荔枝成熟的季节吃到新鲜的荔枝。

安全提示

“一颗荔枝三把火”，吃荔枝很容易上火，要想吃荔枝不上火：限制每次吃荔枝的量，大约 10 颗左右。在吃荔枝的同时，可以多喝点盐水或是吃一些面包、饼干等淀粉类食物，这样能保证血液中的血糖浓度，避免上火。

5-23

红酒储藏越久越好吗？

随着生活水平的提高，越来越多的人开始注重生活的情趣和品位，红酒正是作为一种生活品质的符号而受到越来越多人的喜爱。众所周知，喝红酒有许多好处，比如红酒是女人养颜的佳品，它能够提供人体所需的多种营养素，还有助于睡眠；而一项来自荷兰科学家的最新研究也显示，适度饮酒，特别是每日饮用适量的红酒可以延长男性的寿命。红酒在西方有深厚的文化底蕴，红酒文化源远流长，但是在我国许多人对红酒的了解还停留在表面，要想真正了解红酒文化，理解红酒文化的真谛还有待努力。

红酒是葡萄酒的一种，是经自然发酵酿造出来的果酒，主要可分为红葡萄酒、白葡萄酒及粉红葡萄酒三类。以成品颜色来说，红葡萄酒又可细分为干红葡萄酒、半干红葡萄酒、半甜红葡萄酒和甜红葡萄酒，白葡萄酒则细分为干白葡萄酒、半干白葡萄酒、半甜白葡萄酒和甜白葡萄酒。粉红葡萄酒也叫桃红酒、玫瑰红酒。一些法国意大利的顶级红酒的陈年能力有数十年甚至上百年，波尔多顶级酒庄的不少葡萄酒即使保存超过 1 个世纪，仍然适宜饮用。但这是不是就意味着红酒储藏得越久越好呢?

程老师，您知道啊，现在不管是聚会、还是谈事情，或者是办喜事，酒是必不可少的主角。俗话说“无酒不成席”。

是的，喝酒是我们中华民族的悠久传统，这酒不仅能助兴，更是感情的润滑剂。说到这，我想问你们俩，你们知道这个“酒”字是怎么来的吗？

我知道咱们中国的汉字是博大精深，这个我还真不知道，三点水，还有一个“酉”字，到底是为什么呢？

彭　程：我好像看过这么一个传说，酒，从字面上看，三点水一个“酉”字。“酉”表示的是时辰，也就是我们现在的下午五点到晚上七点。古时官衙，一般是下午五点关衙门，然后会在门口竖一块牌子，上面会写一个“酉”字，称为“酉牌”，意思是累一天了，收工！该喝点什么去？当然是酒了！

所以你会发现，现在酒宴多在下午五点到晚上七点开始，即为“酉”意。

哦，原来是这么回事儿！大家都知道我国的酒文化源远流长，品种繁多，像我们山西的汾酒。但是呢，作为女孩子嘛，我想问一下彭程，你喜欢喝红酒吗？

彭 程：喜欢！但是现在在学校，会喝得非常少！有时候聚会的时候，会喝红酒。因为我感觉红酒喝起来没有白酒那么冲，很柔和，也更加香甜。

是的，我一般在闲暇的时候，也会少喝点，口感还是很好的。

说到这个红酒，在很多人的观念里，红酒是越陈越好，所以有时候买回家的红酒，就喜欢把它存放起来，等红酒存放时间过了很久之后才饮用，程老师，我想问您，这个红酒真的放得越久越好喝吗？

其实红酒可以说是一个“有机生命体”，它有自己的生长发展周期，从年轻到成熟再到衰老，这样的生命轨迹是无法避免的。对于不同的红酒，其生命周期长短不一，这取决于品种、酿造方法以及红酒本身的酸度、酒精度、单宁和风味物质等因素（图 23-1），红酒的收藏需要很高的技术条件，如果储藏不当，很容易放坏。

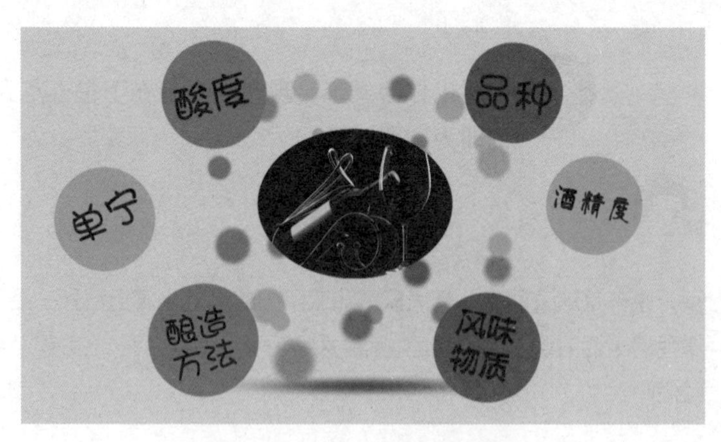

图 23-1 红酒生命周期的决定因素

安全提示

虽然有少数名贵酒庄陈酿的红酒会存放的年数比较长，但是，大多数红酒都是不能长期储藏的。

现在红酒也越来越受到人们的喜欢，红酒一般度数不高，喝起来也比较香甜，对于储藏红酒而言，储藏条件是至关重要的，那这个储藏条件对红酒的质量有什么影响呢？

首先，贮藏条件会影响葡萄酒中抗氧化物质的含量：红酒中最有名的抗氧化物质就是白藜芦醇了。有大量研究认为白藜芦醇对人类健康有很多促进作用，不仅可以降血脂、抗血栓、预防动脉粥样硬化和冠心病，还具有很好的预防癌症的作用。当贮藏温度过高时，白藜芦醇的含量会减少，氧气也会加速红酒中抗氧化物质的损失。

哦，红酒中对人体有益的就是这个白藜芦醇，我们之前提到过！

是的，其次，贮藏条件也会影响葡萄酒的颜色变化：在较低温度下贮藏葡萄酒有利于提高葡萄酒的颜色质量，而温度高会导致葡萄酒颜色变化，通常与酒的pH相互作用从而影响酒的颜色的稳定性。高pH的葡萄酒贮存在高温条件下，葡萄酒很容易褐变，降低葡萄酒的红色。

安全提示

贮藏条件对葡萄酒的影响：当贮藏温度过高时，会使葡萄酒中的抗氧化物质白藜芦醇含量减少；也会使高pH的葡萄酒发生褐变，降低葡萄酒的红色。

彭　程： 怪不得我们会看到很多红酒会贮藏在地窖里。

所以，红酒并不是放得越久越好。而且我觉得特别是瓶装的红酒，由于木塞并不是完全密封，在贮藏时，瓶里的红酒很容易因环境的影响而发生缓慢变化。如果储存条件不合适，红酒会不会很容易酸败变质呢？那程老师，很多人都会有这个储藏红酒的习惯，那到底该如何储藏呢？

其实红酒的储存方法就是给它找个不错的地方睡个美容觉，睡眠好，自然质量就好了，如何才能保证它的睡眠质量我们一起去学一下。

【网络视频资料】

其实葡萄酒的保存就是给它找个环境不错的房间睡个美容觉，睡眠好，质量自然就好了，那么保证睡眠质量的关键因素有哪些呢？

1. 角度　睡觉当然要平躺了，这样可以让软木塞和酒体接触，防止空气入侵。

2. 湿度和温度　房间内的湿度最好在 70% ~ 75%，湿度不够软木塞会变干，空气就会钻入酒瓶，但如果太湿，软木塞又容易长毛，然后要精心地将室温维持在 15℃以下。

3. 味道　千万不要放机油、樟脑丸、榴莲等气味很重的东西，这些可怕的味道会通过软木塞侵入到酒里去，会严重影响葡萄酒小姐的睡眠。

4. 稳定性　不要经常把葡萄酒搬来搬去，别问为什么，你睡觉会喜欢被人晃来晃去的吗？

5. 避光　最后的最后，拉上窗帘，因为紫外线会使酒早熟，光线还会令酒产生变化。

这未开瓶的红酒我们知道怎么保存了，相信很多消费者在日常生活中都会遇到这样的问题，在用餐时开了一瓶葡萄酒，一次性喝不完，那么有什么方法可以保存开瓶后没喝完的葡萄酒呢？

彭　程： 首先大家肯定想到的是放冰箱，这确实是一个不错的选择，不过我还有几个小窍门：

1. 重新封口：如果你确定一瓶酒喝不完，那么倒完酒后，就立即把瓶塞按原样塞回去，如果塞不回去，用保鲜膜也可以。

2. 换瓶：葡萄酒瓶通常都是750毫升的，如果没喝完，可以把剩下的葡萄酒倒入小瓶中保存，不过不要用洗洁精或清洁剂来洗刷小酒瓶，以免留下的残渍会污染酒。

3. 真空泵：用特殊的塑胶塞子和抽气泵将酒瓶中的空气抽掉后密封，可使葡萄酒寿命延长两周，不过这个方法，对起泡酒不适用，会抽走酒中的气泡。所有的方法都是为了延缓葡萄酒的变质。

安全提示

建议开瓶后的红酒还是尽快喝完，尽管我们想方设法地去储存，但最后还是会被氧化。被氧化的红酒也有它别的用处，比如在烹调鱼类或肉类时，加一点红酒可以除去腥臭味；在火腿切口处涂些红酒，包好放入冰箱，还能保持火腿色香味不变。

再好的酒，过了最佳适饮期，酒质都会走下坡路，不管是没开瓶的还是开了瓶的红酒都应该尽快喝完，红酒并不是储存得越久越好。

5-24

葡萄酒也有防腐剂

葡萄酒在大约公元前 1000 年到前 500 年之间在法国南部出现，而后它开始在地中海盆地的大部分地区进行繁衍传播。早期，这种饮料一直被视为一种只有贵族才能享用的高尚饮品，也是一种用来敬拜酒神巴克斯的祭神用品。红酒的成分相当简单，含有最多的是葡萄汁，占 80% 以上，其次是经葡萄里面的糖分自然发酵而成的酒精，一般在 10%～30%，剩余的物质超过 1000 种，比较重要的有 300 多种，红酒其他重要的成分有酒石酸、果胶、矿物质和单宁酸等。虽然这些物质所占的比例不高，却是酒质优劣的决定性因素。质优味美的红酒，是因为它们能呈现一种组织结构的平衡，使人在味觉上有无穷的享受。

很多人都认为葡萄酒是经过自然发酵的，其实从葡萄酒酿造早期，葡萄酒生产商就经常在酿造过程中加入糖分以增加葡萄酒的酒精度和酒体的饱满感，使用亚硫酸盐作为防腐剂，利用鱼胶过滤葡萄酒中的沉淀。现在，葡萄酒生产商经常使用酒石酸、酶或者其他的物质来增加葡萄酒的平衡感、口感或者是颜色。就像我们熟悉的面包是一类易发霉、发酵变质的食品，防腐剂在面包等烘焙食品中就有很大的作用，它对霉菌和酵母菌的抗菌能力很强，在一定剂量下还能抑制细菌的生长，延长面包的储存期，也能保障人们的安全，在食品中使用也不会产生异味。那葡萄酒中的防腐剂有哪些呢？我们一块儿去了解一下。

我们在上篇文章中讨论了葡萄酒是不是储藏得越久越好。我们都知道，喝葡萄酒对我们的身体是有一些好处的。

武　虹： 我在网上看过这样两句话：有人说品尝葡萄酒，是对自身气质的修炼，也有人说，摇晃葡萄酒的瞬间有一种流年飞逝的错落感。

是的，葡萄酒能够带给大家的不仅仅是口感，更多的是一种享受。全球对葡萄酒文化的认可和追求是有目共睹的。同时喝葡萄酒确实对我们的健康有很多好处。就像我们上期节目中谈到的白藜芦醇，可以起到降血脂、抗血栓等作用。

说到这呢，之前我看到过一个报道，说国家食药监总局通报了 11 批不合格酒类、调味品名单，说某家公司生产的山葡萄酒因检出脱氢乙酸钠而进入这个名单。我就有些担心，这个脱氢乙酸钠究竟是什么？为什么要加入到葡萄酒中呢？

不要担心，脱氢乙酸钠其实是一种食品保鲜剂。脱氢乙酸钠是继苯甲酸钠、尼泊金、山梨酸钾之后又一代新的食品防腐保鲜剂，对霉菌、酵母菌、细菌具有很好的抑制作用，广泛应用于饮料、食品、饲料加工业，可延长存放期，避免霉变损失。其作用机制是有效渗透到细胞体内，抑制微生物的呼吸作用，从而达到防腐防霉、保鲜保湿等作用（图 24-1）。

脱氢乙酸钠是继苯甲酸钠、尼泊金、山梨酸钾之后又一代新的食品防腐保鲜剂，对霉菌、酵母菌、细菌具有很好的抑制作用，广泛应用于饮料、食品、饲料的加工业，可延长存放期，避免霉变损失。其作用机制是有效渗透到细胞体内，抑制微生物的呼吸作用，从而达到防腐防霉、保湿保鲜等作用。

图 24-1　脱氢乙酸钠的概念

但是，我听过这样一个说法，有人说葡萄酒中酒精含量很高、细菌无法生长，根本就不需要使用防腐剂，是这样的吗？

安全提示

脱氢乙酸钠是一种食品保鲜剂，普遍受到食品企业的欢迎，在奶油、汤料（调味料、速食汤料）、面包、蛋糕、果浆等中被广泛应用。

葡萄酒是有可能发生腐败变质的，同样需要使用防腐剂。首先，葡萄酒是由葡萄汁发酵而成的，葡萄汁中有大量的糖，在发酵过程中酵母菌会把它们转化成酒精。通常地说，发酵越充分，转化就越完全，最后的成品中酒精越多，糖就越少。

武　虹：那这些糖应该是不会完全转化成酒精的，我感觉一般的葡萄酒不会完全发酵。

如果在酿制葡萄酒的过程中，工艺条件控制不当，像是发酵不完全、残糖含量高等，葡萄酒中依然有糖，就会给杂菌提供生长所需的营养物质，使得葡萄酒进一步变质，甚至变成葡萄醋。即使是完全发酵的葡萄酒，杂菌仍然可以生长，由于葡萄酒的酒精度通常较低，并不能抑制杂菌繁殖，如果长期储存不当就可能加速变质。

所以，葡萄酒也是需要加“防腐剂”的。那葡萄酒需要使用防腐剂来防止变质，而且脱氢乙酸钠也是一种合法的防腐剂，那为什么在葡萄酒中抽检出脱氢乙酸钠就是不合格呢？难道是过量添加了吗？

脱氢乙酸钠是一种合法的食品防腐剂，在国际上很多国家像美国、日本等都是允许使用的。我国的《食品安全国家标准 食品添加剂使用标准》（GB 2760—2014）规定，脱氢乙酸钠可以用于面包、糕点、烘焙食品、调味品、肉制品等食品中，使用量通常在 0.3 ~ 1g/kg。但是，使用范围里并不包括葡萄酒，也就是说不能用于葡萄酒中，企业超范围添加禁止在葡萄酒中使用的防腐剂脱氢乙酸钠，就是违法行为，对此执法部门应该依法打击。

啊！原来是这样啊！那我想知道，葡萄酒用什么防腐剂呢？

葡萄酒中常用的防腐剂像是二氧化硫等等，这里添加的并不一定是二氧化硫气体，因为我们知道它使用不方便，也可以是它的衍生产物，像是我们知道的各种亚硫酸盐、焦亚硫酸盐、亚硫酸氢盐等等。这些物质有跟二氧化硫类似的功能，在计算它们的含量和使用量时，也是以二氧化硫的含量作为基准的。

那如果在葡萄酒中加入了这个脱氢乙酸钠，会危害我们的身体健康吗？

虽然有些厂家添加了脱氢乙酸钠，但是，这并不意味着喝了这种含有脱氢乙酸钠的葡萄酒就一定会有害健康。别忘了，我们还有一个量的标准呢。

那这个量的标准具体是什么呢？

有科学数据表明，脱氢乙酸钠的半数致死剂量（LD_{50}）是0.57g/kg。正常饮食基本不会超标，也不用太担心。有的人可能会说，那还是尽量少食用为好吧？长期大量食用肯定是有危害的。其实，食品添加剂的安全性评价已经考虑到了终生、每天、大量摄入的情况，在制定标准时也已经留下了足够的空间，因此，只要按照标准规定使用的食品添加剂，所谓的“长期大量”根本就是不存在的。再者说，即使滥用了食品添加剂，通常离造成我们健康危害的量也有一定的距离，毕竟我们不可能终生、每天都吃超标食品。

安全提示

对于公众来说，应该少喝酒，多喝酒所摄入酒精对健康的危害比食品添加剂要多得多。

我觉得长期、大量喝酒本身就是一种不健康的习惯，酒精才是主要的风险。

通过程老师的讲解，相信大家也清楚了葡萄酒中的防腐剂是怎么回事了，但是在日常生活中还是少喝酒为好。

5-25

啤酒中含有致命的多菌灵？

啤酒是人类最古老的酒精饮料之一，是继水和茶之后世界上消耗量排名第三的饮料，啤酒于 20 世纪初传入中国，属外来酒种。啤酒是以大麦芽、酒花、水为主要原料，经酵母发酵作用酿制而成的饱含二氧化碳的低酒精度酒，被称为“液体面包”。啤酒乙醇含量最少、故喝啤酒不但不易醉人伤身、少量饮用反而对身体健康有益处。现在国际上的啤酒大部分均添加辅助原料。有的国家规定辅助原料的用量总计不超过麦芽用量的 50%。在中国北方米家崖考古遗址发现的陶器中保存着大约 5000 年前的啤酒，啤酒成分考古学家在陶制漏斗和广口陶罐中发现的黄色残留物表明，在一起发酵的多种成分包括，黍米、大麦、薏米和块茎作物。

19 世纪末，啤酒输入中国，当时中国的啤酒业发展缓慢，分布不广，产量不大。1949 年后，中国啤酒工业发展较快，并逐步摆脱了原料依赖进口的落后状态。目前我国的啤酒行业是国内饮料市场竞争最激烈的行业之一。但是，最近我在微信朋友圈里看到这样一条信息：称央视《焦点访谈》播出某啤酒中含有致癌物——多菌灵，还呼吁大家不管有多忙都要转发，这到底是不是真的呢？

程老师，您看现在啊，春天的气息还没来得及感受，夏天就已经来临了，这天气一热，许多爱吃的朋友都开始往夜宵大排档跑了。

郑思思：对对对，三五人一起烤上几十个串。

再开几瓶啤酒，吹着小风，感觉特别惬意。

是啊，民以食为天嘛，一年四季基本都有带着季节符号的美食。

程老师，我最近在网上看到一条关于啤酒的消息，我们一块儿去了解一下。

【网络视频资料】

这条信息中称：雪花啤酒含有日本禁用农药“多菌灵”，多菌灵可致脑麻痺、肝脏肿瘤等多种癌症。香港正在销售的原丹东鸭绿江啤酒、青岛啤酒、雪花啤酒等里面都有多菌灵。香港食环署正在了解此事件。专家指出，“多菌灵”跟其他农药一样，对脑部影响最大，可引起局部麻痹，并会导致癌症。

郑思思：不知道程老师和主持人有没有同感，夏天吃着烧烤喝着啤酒，是我们年轻人非常喜欢的一种生活方式，突然冒出来啤酒里有农药的消息，我怎么觉得这条消息疑点重重呢。

看完这条信息，我们撇开实际内容不谈，单是这一消息本身，就让人不得不起疑。所有对客观事实的描述，都必须呈现出“定量”的特征，才具有科学意义。

郑思思： 对呀，我主要有两个疑点，第一是这则消息的开头和结尾都是：速转啊，十万火急啊，不管您有多忙都请转发啊，这些字眼；第二是来源假借中央电视台著名栏目《焦点访谈》，很多谣言都会采取这种换汤不换药的“参考文献”方式。

从这条信息中我也发现了一些疑点，比如信息中并没有具体说明这期节目是哪天播出的。之后我也登录央视网查询了《焦点访谈》节目表，并未发现关于“雪花啤酒中含致癌物多菌灵”的报道。程老师啤酒里真的含有致癌物“多菌灵”吗？

你看得也挺仔细的，其实，啤酒中并不需要额外添加多菌灵，如果说真有所谓的多菌灵，那我们要更多地关注原料环节。

多菌灵是一种苯并咪唑类农药，具有广谱杀菌特征，因此在农业生产中应用广泛。据统计，我国每年生产超过 10000 吨多菌灵，其中大部分在国内使用，啤酒的原料大麦，确实会在播种期间或生长期间喷洒这一药物，多菌灵在自然界中降解速度较慢，根据研究，土壤中的多菌灵在降解 250 天后，仍会残余 5% ~ 13%（图 25-1）。

多菌灵是一种苯并咪唑类农药，具有广谱杀菌特征，因此在农业生产中应用广泛。据统计，我国每年生产超过 10 000 吨多菌灵，其中大部分在国内使用，啤酒的原料大麦，确实会在播种期间或生长期间喷洒这一农药，多菌灵在自然界中降解速度较慢，根据研究，土壤中的多菌灵在降解 250 天后，仍会残余 5%～13%。

图 25-1　多菌灵的概念

因此，在收购大麦时，厂家都会对其中的多菌灵残留进行监测，我国制定的《食品安全国家标准 食品中农药最大残留限量》（GB 2763—2016）这一国家标准中，对于各类农产品中的多菌灵含量提出了上限要求，如大麦的多菌灵最大残留不得超过 0.5mg/kg。在生产过程中，残余的少量多菌灵还会发生不同程度的降解，如大麦在酿造啤酒时，多菌灵在发酵过程中，损耗超过 90%，可见，我们能够从啤酒中摄入的多菌灵实在是少得可怜。

安全提示

一般来讲，凡是出厂的啤酒都是经过严格检测的，进入市场销售的啤酒，有关部门也是定期抽验的，大家可以放心饮用。

从啤酒中我们能够摄入少量的多菌灵，那多菌灵是不是像网传的那样会致癌呢？

作为一种被广泛使用的农药，多菌灵毒性参数早已被大量研究，这个多菌灵经口的半数致死量超过 15 000mg/kg，换句话说，

安全提示

多菌灵虽然容易突破血脑屏障进入脑组织，但是其在脑部，每两天即可衰减一半，其危害也十分有限。

就是成年人一次性喝下 1 公斤多菌灵，也未必就会死去，比食盐的毒性还低，风险是极低。

郑思思： 是的，不过我也查阅了一些文献，我看到实验结果表明，长期大量摄入多菌灵，它会在肝脏中形成蓄积，并引起精神恍惚、头晕等一些症状，并且我查阅的研究文献中，还没有说明多菌灵致癌的有力数据。

也就是说，前面消息中说的多菌灵具有致癌性，只是原文中的一种臆测。

我们不能评价别人是怎样思考问题的，我们只能和大家一起来讨论已经出现的问题。其实，真正值得担忧的是多菌灵的生殖毒性。根据目前我们查阅到的研究资料，当多菌灵的摄入量达到 50mg/kg 以上时，可能会对一些动物造成一定的生殖毒性，雄性动物可能会出现精子细胞减少的情况，长期接触的实验表明，动物会出现受孕率下降的情况。

郑思思： 程老师，您说的这是动物实验的结果，那么对人的影响是怎样的呢？

对于成年人而言，目前我没有看到实验结果。那么世界卫生组织对多菌灵提出的 ADI（每日容许摄入量）为 0.03mg/kg，换句话说每天摄入 2 毫克以下，对于成年人来说是非常安全的，而一般啤酒

安全提示

一天要喝几十公斤的啤酒才能达到世界卫生组织对多菌灵提出的每日允许摄入量，在这种情况下，容易引发酒精中毒，所以大家不必太担心啤酒中的多菌灵问题。

的多菌灵残余量不过 10μg/kg 数量级，一天要喝上几十公斤才能达到这一限值。

郑思思： 实际上，这条信息和几年前“某饮料中含多菌灵”，内容有相似之处，只不过产品从饮料换成了啤酒。

在这儿也要提醒大家，遇到此类消息一定要先与有关部门确认，不要人云亦云。也希望广大市民不要轻易相信朋友圈中各类的“疯狂信息转发”，要为社会传播正能量。

5-26

危险的“断片酒”

最近，不知道为什么，突然刮起了一阵断片酒风，这种包装看起来像果味饮料，被称为“醉酒神器”“失身酒”的酒精饮料在国内一跃成网红，引来各位同学们的争相尝试！断片酒，据喝过的人介绍，它喝起来和普通的果味饮料差不多，而实际上，它是含有咖啡因和 12% 的酒精能量饮料。它还有很多种口味，比如西瓜、草莓、水蜜桃等十来种，虽然看上去都是人畜无害的口味，实际却非常勇猛。

2010 年，该酒精饮料曾引发了一次著名的校园酒精中毒事件，9 名学生在一次派对后被集体送进医院抢救，9 名学生均未满 21 岁，饮用酒后血液酒精浓度上升到致命程度，一名学生当时生命垂危。2010 年 11 月 17 号 FDA（美国食品药品监督管理局）对四家酒精功能性饮料公司发出了警告，说明这种饮料含有不安全的食品添加剂。相关行动没收市场上的商品，禁止 four 系列功能饮料的发售，并且上升到了公共健康问题。到了 2014 年，更是在全美 20 多个州禁止销售。因此在 2010 年后，该酒精饮料的配方就变更过，现在市面所售的也和最初的配方不同。如此生猛的断片酒究竟是什么？这种号称“喝一罐能懵逼，喝两罐能断片”的神奇酒精饮料，真的有这么大威力吗？我们一块儿去了解一下。

最近网上出现了一款非常火爆的酒，是一种十分危险的酒，在国外就曾经有一名女孩儿，因为碰了这种东西，导致她做出了极度疯狂，和难以想象的举动。

【网络视频资料】

从画面中我们可以看到，女孩在路边，大庭广众之下，脱掉了裤子和衣服，瘫坐在路边，好像还跟没事人一般，正在玩手机。

而这不是最极端的，在国外还有报道，这家公司的产品还曾经出现过让人致死的新闻。那此酒到底是姓甚名谁，又仙乡何处呢？它其实就在我面前。在我面前摆放了这样一款看起来粉嘟嘟的，女孩子最喜欢的一种颜色（图 26-1），但是（将其端起来闻）这个味道，可真够冲的。很多女孩子都会觉得没什么，甚至认为非常得好喝，但是喝着喝着就会发生危险。那么这个看起来像果汁饮品，并且毫无酒精味儿的酒，到底危害有多大，又有多可怕？我们现在就来看一段视频，关于某网友喝了这瓶酒的亲身经历拍成的小片。

图 26-1 “断片酒”

【网络视频资料】

这位网友在饮用这种酒60分钟之后就失去了意识，之后还吐过4次，这款很像水果饮料的酒，其实很危险。因为它味道甜美，但是后劲很足，在不知情的情况下，很容易饮用过量，所以，请电视机前的观众朋友，一定不要被这种酒的外表和味道所迷惑。

这种看上去非常美丽的果味饮品，或者我们称它为酒，在网络上也称“断片酒”。那么它的后劲为什么这么大，我们的记者也特地采访了山西医科大学管理学院的程景民院长。

为什么这款酒后劲这么大，首先，这款酒里面有四种添加剂，第一个酒精，第二个咖啡因，第三个瓜拉纳，第四个牛磺酸。酒精和咖啡因我们平时也经常提到，大多数人也清楚，那么什么是瓜拉纳和牛磺酸呢?

瓜拉纳，又名巴西香可可，无患子科藤状灌木，盛产于巴西北部亚马逊河流域，是巴西最知名的，且很早就有史册记载的雨林药用植物。在巴西也把瓜拉纳称为“超级水果”，被广泛应用在早餐麦片、饼干、谷物棒、糖果、汤料、胶囊、片剂等产品中。长期食用有提神醒脑、滋阴壮阳、控制食欲、缓解腹痛、恢复体力、补充能量、强身健体之功效。简单地讲，它是巴西的一种兴奋剂。

牛磺酸，又称β-氨基乙磺酸，最早由牛黄中分离出来，故得名。纯品为无色或白色斜状晶体，无臭，牛磺酸化学性质稳定，不溶于乙醚等有机溶剂，是一种含硫的非蛋白氨基酸，在体内以游离状态存在，不参与体内蛋白的生物合成。简单地讲，是由动物体中提取的一种兴奋剂（图26-2）。

牛磺酸，又称β-氨基乙磺酸，最早由牛黄中分离出来，纯品为无色或白色斜状晶体，无臭，牛磺酸化学性质稳定，不溶于乙醚等有机溶剂，是一种含硫的非蛋白氨基酸，在体内以游离状态存在，不参与体内蛋白的生物合成。简单地讲，是由动物体中提取的一种兴奋剂。

图 26-2　牛磺酸的概念

这四种添加剂中，有两种添加剂是国际上不允许放在一起的，那就是酒精和咖啡因。如果这两者在一起添加的话，会导致非常严重的后果——那就是死亡，所以很危险。这种网络爆红的果味酒当中，含有兴奋剂，所以这款酒一直是 FDA 的重点监测对象。第二，这种酒瓶的包装，明确标明了 12% 的酒精含量，那它是什么概念呢，平时喝啤酒的人大概清楚，12% 虽然它用果味掩盖了酒味，但是其酒精含量还是非常高，这一瓶相当于三瓶啤酒的酒精含量；相当于 5 杯 45 度威士忌（图 26-3）；也相当于 5 杯干红红酒。所以电视机前的观众朋友，特别是女孩子们，千万不要被它的外表所迷惑，很多女生在不知情的情况下可能会喝三四瓶，所以就出问题了。

图 26-3　“断片酒”的酒精含量

所以在这里还是要提醒大家，特别是女生，在喝这种酒的时候，一定要注意环境安全，注意环境，注意酒。有些酒不要随意尝试，但是有些酒在这个秋冬季节，您可一定要喝了，马上我们春节来临，亲朋好友相聚，我们怎么才能喝得健康，喝什么才能安全呢?

安全提示

“断片酒”里面含有大量的酒精，一罐可以让人喝醉，两罐可能会使人断片，头脑不清楚，甚至可能引发酒精中毒。

其实，最适合冬季的酒是黄酒，黄酒含有 18 种氨基酸，其中 8 种是人体自身不能合成而又必需的，如糊精、麦芽糖、葡萄糖、脂类、甘油、高级醇、维生素及有机酸等，这些营养物质易被人体消化。这些成分经贮存，最终成为营养价值极高的低酒精度饮品。

安全提示

冬天饮黄酒，可活血祛寒、通经活络，有效抵御寒冷刺激，预防感冒，适量常饮有助于血液循环，促进新陈代谢，并可补血养颜。

第二是啤酒。它可以缓解上火。啤酒不是专属夏季的酒类饮品，啤酒含有丰富的糖类、维生素、氨基酸、无机盐和多种微量元素等营养成分，被称为“液体面包”，适量饮用，对散热解暑、增进食欲、促进消化和消除疲劳均有一定效果。冬季人们喜欢吃火锅，如果在汤汁中倒入适量的啤酒，可使汤汁略带醇香，更加鲜美可口。同时，因啤酒中富含大量的维生素，可缓解吃火锅而引起的上火。

第三是低度白酒。优质低度白酒刺激性小，醇而不烈。适当饮用能舒筋活血，起到与进行体力活动相同的效果，并能增加血液中高密度脂蛋白，减少低密度脂蛋白。

第四是红酒。葡萄酒中含有氨基酸、蛋白质、多种维生素、矿物质等人体必不可少的营养素，它可以不经过预先消化，直接被人体吸收。特别是体弱者，经常饮用适量葡萄酒，可以提高免疫力。

安全提示

但是葡萄酒的饮用量为：男性每人每天最多 300～400ml，女性每人每天最多 200～300ml。喝酒的最佳时间是晚上 7 点至 9 点半。

不过无论喝什么酒都不宜过量，年关将至，亲朋好友相聚或者在外应酬的朋友，如果喝得过多，出门又受风寒，上吐下泻，不但不能暖身，反而伤胃，因此冬季饮酒，切记小酒怡情。

5-27

肉松蛋糕是棉花做的？

肉松或称肉绒、肉酥。肉松是用牛肉、羊肉、猪瘦肉、鱼肉、鸡肉除去水分后制成的，肉松是亚洲常见的小吃，在蒙古、中国、日本、泰国、马来西亚、新加坡都很常见。它适宜保存，并便于携带。从蒙古帝国早期，成吉思汗驰骋欧亚作战时的干粮就是肉松和奶粉。马可·波罗在游记中记述，蒙古骑兵曾携带过一种肉松食品。肉松制作简单无需“秀润加工”，蒙古早期便已完善。清朝的前身大金并无肉松传说，而后金清朝被蒙古饮食影响，随之纳为己用。一般的肉松都是磨成了末状物，适合儿童食用，将肉松拌进粥里或蘸馒头食用。

老婆饼没有老婆，鱼香肉丝里没有鱼，热狗里没有狗……这些我们都认了。但是，这几天，一个“肉松饼是棉花做的”视频在网上流传开来：视频中的女士，把一个肉松蛋糕表面的肉松放进水里浸泡清洗后，肉松就变成了一团白色絮状物，这位女士称白色絮状物是棉花，为了证明自己的判断，她还专门用火烧了一下，有燃烧的迹象，就断定肉松是“棉花”做的，视频拍摄者还煞有其事地呼吁大家转发。一时间，大家对视频的真假也难以识别。那么真相究竟如何？难道我们平时吃的真是棉花蛋糕、棉花面包吗？我们一块儿去听听专家是怎么说的。

前些日子在微信朋友圈一度疯传的：紫菜是塑料做的小视频，最后被证实是谣言，这一波刚平一波又起，最近，又有一个关于肉松蛋糕是棉花做的热门视频在朋友圈内迅速传开，并且这个视频还出现了各种不同方言的版本，实验者都声称自己是亲自做的实验，似乎是证据确凿，那这一次会是真的吗？我们一块儿去了解一下。

【网络视频资料】

我把这个肉松蛋糕撕开，我们把它（肉松）拿下来，然后泡到水里去，看看这个肉松蛋糕的肉松是怎么来的，看到没有全部都是棉花，我们用打火机点一点，看，能点着，就是棉花，大家看看，就是这个吉利人家的蛋糕。

这个视频被大量转载后，让不少喜欢吃肉松的人都表示很担忧：肉松真的是棉花做的吗？为此我们的记者也从市面上买到了和视频中一样的肉松蛋糕，按照视频中的的方法进行实验：

【实验】

现在我们就按照视频中的方法进行实验，首先把肉松蛋糕上的肉松撕下来，浸泡在水中清洗，同时也把棉花浸泡在水里，大家可以看到，肉松蛋糕上的肉松浸泡清洗后，确实能够得到一团絮状类物质，偏淡黄色（图 27-1），并且这个絮状物很容易就被撕开了，大家也可以看到，这是棉花浸泡清洗后的形状，有很多细小的纤维，不容易撕开（图 27-2），接下来我们用火烧一下，带有水分的棉花团还有一定的可燃性，点燃后没有什么气味，而相比之下，肉松蛋糕过滤出来的絮状物，点燃后有一股焦糊味。

图 27-1　肉松浸泡后得到的絮状物

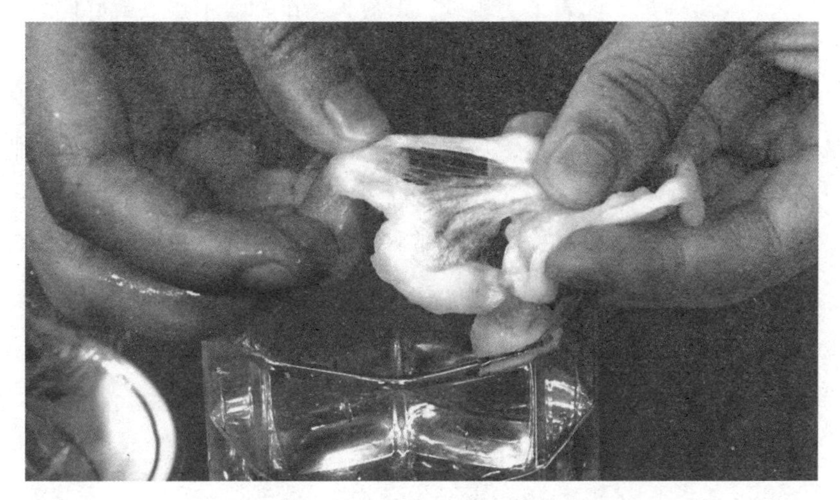

图 27-2　棉花浸泡清洗后不容易撕开

看完这个网传的小视频，再加上我们记者亲自实验以后的结果，我想说的是用棉花做肉松？几乎是不可能的，肉松是指用肉作为主要原料，经煮制、切块、撇油、配料、收汤、炒松、搓松后制成的肌纤维蓬松絮状的肉制品，它适宜保存，并便于携带，一般的肉松都是磨成了沫状物，适

合儿童和老年人食用。而棉花是锦葵科棉花属植物种子的纤维。

从二者的成分来看，肉松和棉花就有很大的区别。肉松的本质是一种肌肉纤维，主要成分是蛋白质。而棉花的本质是植物纤维，主要成分是纤维素。蛋白质是三大供能营养素之一，而纤维素是一种不可溶膳食纤维。我们都知道棉花看上去比较松软，但是放入嘴里却嚼不烂。

由于成分不同，棉花和肉松吃起来的口感也有很大差异。肉松吃到嘴里，轻轻一咬就会融化，很松软。而棉花，表面看上去松软，但放入嘴里却嚼不烂。就好比吃芹菜梗，它的筋很多，嚼也嚼不烂，主要就是因为芹菜梗中的纤维素很多，而棉花中的纤维素比芹菜梗还要多。真用棉花冒充肉松，一吃就会识破，商家不会造这样明显的假让消费者来投诉。而且，一旦被识破也不会有消费者再去购买了，商家一般都不会做这种赔了夫人又折兵的买卖。

总的来说，棉花是不可溶植物纤维，虽然从外观上可以冒充肉松，做出看上去蓬松的肉松蛋糕，但是口感与肉松有很大的差异。从记者的实验中，我们可以看到不管是肉松还是棉花都可以点燃，那视频中将洗出的絮状物用打火机点燃，看到烧黑了，就称能够烧黑就是棉花。这种推理有没有科学依据呢?

视频中将洗出的絮状物用打火机点燃，烧黑了，就称能够烧黑就是棉花。这种推理也完全没有依据，存在很大的误导。其实，食物能点燃是一种普遍现象。

脂肪燃烧是最容易理解的，人类发明煤油灯之前，室内照明使用的主要是香油、豆油、桐油等植物油，古诗文里记载的"青灯"就是它。

安全提示

食物之所以能够燃烧，是因为它含有大量的可燃物：脂肪、蛋白质、碳水化合物以及其他的包括醇类、酯类等有机物。

碳水化合物燃烧也很常见，比如植物中大量存在的木质素、纤维素和糖类，木头燃烧的主要成分就是木质素。

而蛋白质由氨基酸构成，主要是碳、氢、氧、氮四种元素，也含有少量硫和金属元素，都很容易被点燃。蛋白质燃烧最容易理解的就是头发了，头发的成分基本上都是角蛋白，碰到火很容易被点着。蛋白质燃烧有特殊的焦糊味，人们常常用这个来鉴别织物中是否有羊毛、蚕丝。

真的肉松主要成分是蛋白质，是可以点燃的。而且，由于是蛋白质，燃烧的话一般会有一股焦糊味。而棉花主要成分是纤维素，可以直接点燃，但并不会有焦糊味。所以，如果想要鉴别这个是不是真的肉松，倒是可以把它点燃闻闻有没有焦糊味。

安全提示

辨别真假肉松的方法：用火点燃闻一闻，有焦糊味的就是肉松。

【网络视频资料】

据了解视频中使用的肉松蛋糕是合肥市一家食品公司生产的，安徽食药监部门得知此信息后，立即组织了调查组，奔赴企业现场进行调查。综合现场检查和抽样技术检测，可以排除面包上的肉松是棉花的可能。

“肉松蛋糕是棉花做的”已经被证实是谣言，但是有记者调查发现肉松面包的主要配料是牛肉味肉粉松，而这种牛肉味的肉粉松是由：鸡肉、豌豆粉、味精以及食品添加剂等混合而成，会损害人体健康，这到底是什么情况呢？我们下篇文章继续和您探讨。

5-28

肉松面包没肉松？

肉松是纯粹的动物蛋白，以猪瘦肉为主的猪肉松最为常见，而现在市场上销售的肉粉松，是加了一定量的植物蛋白进去的，是动物蛋白和植物蛋白的混合物。肉松按加工方式的不同分为三种：肉粉松、油酥肉松、太仓式肉松。肉粉松也叫“嫩肉粉”，过去意义上的肉粉松的加工工艺是用畜禽瘦肉为主要原料，经煮制、撇油、绞碎、调味、收汤、炒松，再用食用油脂和适量面粉炒制成颗粒状的肉制品。肉粉松在福建和天津一带产量较大。主要作用在于利用蛋白酶对肉中的弹性蛋白和胶原蛋白进行部分水解，使肉类制品口感达到嫩而不韧、味美鲜香的效果。由于其嫩化速度快且效果明显，因此目前已广泛应用于餐饮行业。但是，现在市场上销售的肉粉松还是用肉做的吗？

肉松饼、肉松蛋糕、肉松面包、肉松佐料 ... 可是，大部分消费者却不知道，自己平时所吃的肉松食品其实并不是实实在在的肉松啊！身边有朋友就很喜欢吃肉松相关食品，现在想想真是为朋友的健康捏把汗。有市民爆料称，市面上销售的绝大多数肉松类产品，用的都不是“真肉松”，而是“肉粉松”，这究竟是怎么一回事呢？肉松面包我们还敢吃吗？我们一块儿去了解一下。

在上篇文章中我们说到，有记者调查发现肉松面包是用肉粉松做成的，而不是肉松。这到底是什么情况呢？我们一块儿去了解一下。

【网络视频资料】

一些网友调侃说，以前只知道鱼香肉丝里没有鱼，老婆饼也不送老婆，现如今连肉松面包里也没有真肉松了，这肉松面包到底是个什么情况呢？记者走访了太原市多家食品商店发现：不论是连锁烘焙店，还是小型的面包房，都在销售肉松面包，并且销量也不错，然而它的价格却是大有区别，大型连锁店里，一个肉松面包的价格大都不低于15元，而在小的面包店里，肉松面包的售价却很便宜。记者随机购买了几款较便宜的面包发现，同样是叫肉松面包，但是差别却有点大，先来看看他们的配料表，这款辣肉松色拉面包，在成分表上，没有看见任何有关肉松的字样，难道这辣肉松就是肉松吗？再看这款肉松之恋面包，货品名字简约，这货品配料表却是相当复杂，标注着各类添加剂，还有些散称的肉松面包，干脆连配料表都没有，再来看看这些肉松面包里的肉松，颜色有的偏黄有的偏棕，形状也都不尽相同，还有的竟然呈现细粉末状，那么这些肉松是真肉松吗？

我们一般在购买肉松面包的时候，不会特意去看成分表，吃的时候才会发现，买到劣质或者是假的肉松面包了，那么这假冒肉松的东西到底是什么呢，我们接着往下看。

【网络视频资料】

一家从事多年面包烘焙的店主告诉记者，他们的肉松大多都是从批发市场买来的，随后记者来到了太原市一家大型农贸市场，这个市场销售的肉松，一包价格大多是在 15 ~ 20 元，但是在商家拿出的肉松包装袋上，却显著写着牛肉味肉粉松，难道这肉粉松就是肉松吗？批发商表示不少面包店里的肉松面包就是用的这种便宜肉粉松。因为真正的肉松制作成本价较高，基本上 2.5 斤肉才能生产出一斤肉松，出于成本考虑，大多面包厂商并不愿意购买，而这种低价的肉粉松和真的肉松相比，不仅外表一样，而且还能吃出肉味，那么这些肉粉松到底是用什么做成的呢？一位经常给大面包厂供货的肉松批发商说，肉粉松其实是豆粉松，用豆制品加上肉香精添加剂制成的，他们还将肉松按照肉含量的多少，分为了不同的档次，最便宜的肉粉松几乎不含一点真正的肉。

肉粉松，肉松，别看只差一个字，但是内在的真材实料却是相差甚远，那么以次充好的肉粉松还能有肉松的营养价值吗？我们在日后的购买当中，该如何来选择肉松呢？

过去意义上的肉松是以动物蛋白为主，是优质蛋白，现在的肉粉松或者是复合肉松，是既有动物蛋白又有植物蛋白，而且蛋白的量也不是很多，加了大量的淀粉、碳水化合物（图 28-1）。我们吃肉松是要补充动物性蛋白，就是优质蛋白，像这个肉粉松里面，加入了植物蛋白，比如：豌豆蛋白、淀粉等，这样就降低了优质蛋白，也就是动物性蛋白的比例，对正处于生长发育期的孩子来说，提供的不是优质蛋白，所以我建议孩子们不要食用这种肉粉松。目前肉松原料的生产企业虽然遵循一定的行业标准，但就肉松类制品来说，目前没有统一的国家标准。

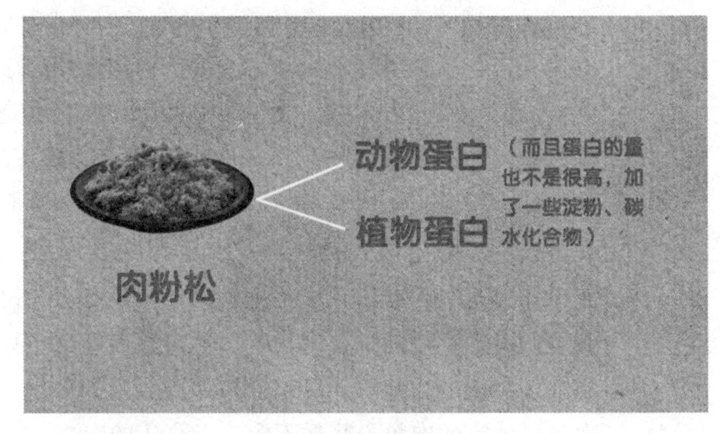

图 28-1　肉粉松的构成

由于目前国内的肉松类制品尚没有统一的标准，商家正是抓住了这一漏洞，使用豆粉充当肉松来降低成本。而价格越低的肉粉松，它所含的非动物性蛋白就越高，那么在生活中，我们该如何辨别真假肉松呢？

安全提示

肉松是以动物蛋白为主，是优质蛋白。肉粉松既有动物蛋白又有植物蛋白，而且蛋白的量不是很多，加了大量的淀粉、碳水化合物。

作为普通消费者，实际上很难将加入肉味添加剂的“肉粉松”与真正肉松区分出来，在这里我给大家几点建议：

第一就是看肉松中的牛肉、羊肉或者是猪肉它的含量是多少。

第二看营养标签，营养标签 4+1，就是我们通常说的蛋白质、脂肪、碳水化合物能量和钠，关键看它的蛋白质含量是多少，蛋白质含量最少应该是在四分之一以上，这样的才是比较好的。

一些商家打着“肉松面包”的招牌卖“肉粉松”产品，像种“挂羊头卖狗肉”的做法，实际上已经涉嫌欺诈消费者，消费者一旦发现，可以及时地拨打 12331 进行投诉举报。

安全提示

为了增添肉香味，“肉粉松”通常含有肉味添加剂，虽然少量食用对人体危害不大，但如果积累到一定量，将会影响身体健康。

5-29

硫黄熏制食品会影响健康吗（上）？

硫黄别名硫、胶体硫、硫黄块，是无机农药中的一个重要品种。硫黄为黄色固体或粉末，有明显气味，能挥发。硫黄水悬液呈微酸性，不溶于水，与碱反应生成多硫化物。硫黄燃烧时发出青色火焰，伴随燃烧产生二氧化硫气体。生产中常把硫黄加工成胶悬剂用于防治病虫害，它对人、畜安全，不易使作物产生药害。硫黄是一种矿物质，它性酸、温、有毒，归肾和大肠经，外用能杀虫止痒，还有消毒杀菌和缓泻的作用。

根据国家有关规定，食品中工业硫黄和工业盐是禁止添加的，硫黄和工业盐里含有很多重金属，少量食用会对人体内脏造成一定伤害，大剂量食用则会造成智力衰退、呆傻现象发生。主要含有铅、砷等重金属有毒物质，熏制过程中会使这些有毒物附着在食品中，人们食用后会对呼吸系统及肝脏、肾脏产生危害。硫黄燃烧产生的二氧化硫，还会引起慢性鼻炎和上呼吸道及鼻孔出血。硫黄可以起到增白防腐的作用，但其通过附着在食品上形成二氧化硫进入人体后很容易被湿润的黏膜吸收，进而对眼睛及呼吸道产生强烈刺激作用，人们食用这种食品后很可能会产生呕吐、腹泻、恶心等症状。现在市场上出现了许多用硫黄熏制的食物，到底是什么情况呢？我们一块儿去了解一下。

程老师，我前两天陪我妈去菜市场买菜，我买菜有个习惯，就是净挑漂亮的买，我妈就跟我说了，不要被那些漂亮的外表迷惑了，有些菜之所以看着好看，很可能是被硫黄熏过了，就比如说生姜。

是的，这个我们以前也聊过，您看那生姜，如果说颜色太黄，表面过于光滑的，我建议您就不要买了，因为这种姜很可能被熏过了。

对啊，我回家之后还专门上网查了查，还真看到了那种硫黄姜，我们一起来看一下。

【网络视频资料】

晚上 10 点左右，两辆货车出现在烟台某批发市场，知情人透露，这辆车上装载的都是硫黄姜，工作人员一打开包装箱，一股硫黄味就扑鼻而来，记者发现这些姜的颜色比普通姜颜色更鲜亮，摸起来更为湿滑，在执法人员的监督下，搬运工人们将两车 27 箱共 1800 多斤涉嫌硫黄熏过的姜全部过磅封存。

程老师，您看看多可怕，用硫黄熏制食物亏他们想得出来。

是的，硫黄在很多食品的加工生产过程当中都会用到，其实现在不少“硫黄美容食品”都被披露了出来，比如“硫黄姜”“硫黄馒头”，这些物质因为被硫黄熏过，其中的二氧化硫都存在严重超标，已经逐一被强制“下架”，甚至有一次性筷子、餐巾纸等也被多次曝光二氧化硫超标。

原来食品“硫”污染现象这么严重啊！程老师，说到这儿我有点儿好奇，据我了解，硫黄是有一股特殊臭味的，一般不是被用在制造染料、农药、火柴、火药、橡胶、人造丝的生产过程中的吗?

你说的没错，其实人们对硫黄的了解，更多地是从火药开始的，“1 硝 2 磺 3 木炭”这个顺口溜广为流传。其中这“磺”指的就是硫黄。其实很早以前硫黄熏制是中药材加工、储存、养护的传统方法之一，目的在于适度改变药材的理化性状。

安全提示

从 2005 年起，我国的药典就已经不再允许使用硫黄熏蒸法。

食物中检测出二氧化硫含量超标，就是因为被硫黄熏制过是吗?

不单单是这样，我给你看个资料，国家食品药品监督管理总局发布了 2016 年第 14 期《食品安全风险解析：关于在食品中使用二氧化硫的科学解读》，这篇文章当中就明确提到，二氧化硫是国内外允许使用的一种食品添加剂，通常情况下，它是以焦亚硫酸钾、焦亚硫酸钠、亚硫酸钠、亚硫酸氢钠、低亚硫酸钠等亚硫酸盐的形式添加到食品当中的（图 29-1），但还有一种方式，就是采用硫黄熏蒸的方法对食品进行处理，发挥护色、防腐、漂白和抗氧化的作用。

图 29-1　食品中使用二氧化硫的科学解读

那这种方法主要是用于哪些食物的加工过程当中呢？

比如在水果、蔬菜干制，蜜饯、凉果生产，白砂糖加工及鲜食用菌和藻类在贮藏和加工过程中，二氧化硫可以防止氧化褐变或微生物污染。而且利用二氧化硫气体熏蒸果蔬原料，可以抑制原料中氧化酶的活性（图 29-2），使制品看起来色泽明亮美观。

图 29-2　二氧化硫在食品中的作用

我听懂了，二氧化硫在食品加工过程中既可以防污染也是为了给食物“整整容”是吗?

是的，其实每一种食品添加剂在被列入标准之前，都需要经过严格的风险评估。只有通过风险评估，获得批准并按照标准规定和相应质量规格要求规范使用才是安全的。《食品安全国家标准 食品添加剂使用标准》（GB 2760—2014）中允许使用的食品添加剂都是经过安全评估的，在符合标准情况下使用的二氧化硫，不会给消费者的健康带来损害。

我知道了，还是量的问题!

是的，比如说食糖的加工，食糖中的二氧化硫残留主要是由于制糖过程中使用硫黄作为加工助剂产生的二氧化硫用于澄清和脱色，制糖原料及其他加工助剂可能含硫也是导致食糖中存在二氧化硫残留的原因之一。少量二氧化硫进入体内后最终生成硫酸盐，可通过正常解毒后由尿液排出体外，不会产生毒性作用。但如果人体过量摄入二氧化硫，则容易产生过敏，可能会引发呼吸困难、腹泻、呕吐等症状（图 29-3），对脑及其他组织也可能产生不同程度损伤。

图 29-3 人体摄入过多二氧化硫后的影响

啊？这么严重啊！

没错，我还有一点要提醒大家注意，有些商贩熏蒸食物时会用工业用硫黄来代替食品级硫黄，而且要注意的是，工业用硫黄含有较多的铅、汞等重金属杂质，还可能造成砷、汞等重金属的残留，严重地威胁到消费者的身体健康，这种情况就比较严重了。

还有人使用工业用硫黄啊？

是的，目前市场上比较难于监管的就是食品加工者是否使用的是工业硫黄。目前市场上所销售

安全提示

不管是用食品级硫黄还是工业级硫黄加工出来的食品都很漂亮，但是存在安全隐患，虽然很多天然状态的东西并不漂亮，会自然地发生褐变，但是它们是安全的，我们要学会科学选购食物。

的硫黄价格差异较大，食品级硫黄的价格普遍远高于工业硫黄。目前工业硫黄的价格多集中在每吨1000元左右，而食品级硫黄的价格则高达约2000元，差别近一倍。巨大的成本差异，使得工业硫黄在食品加工中的使用屡禁不止。

那么究竟在我们的生活当中哪些食物有被硫黄熏制的风险和可能，我们又该如何识别呢？在下篇文章中我们将继续为您解读。

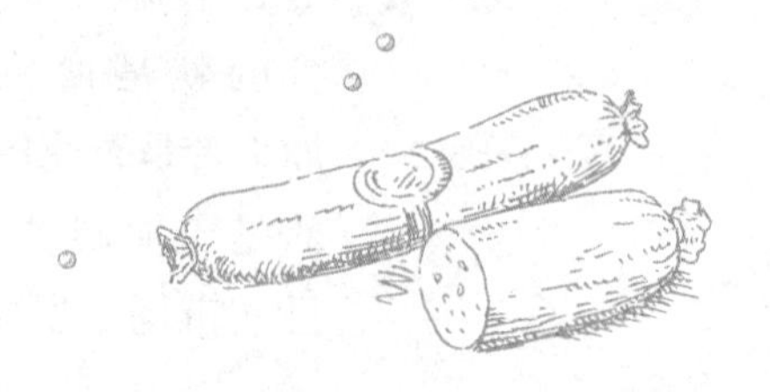

5-30

硫黄熏制食品会影响健康吗（下）？

食品“硫”污染现象的曝光概率越来越频繁，一方面说明人们对于食品安全的关注度在不断增强；另一方面其实也说明了在食品中超量使用及滥用二氧化硫的违规生产加工现象依然存在。来源广泛的食品“硫”污染，很大程度上降低了单一产品的卫生标准安全系数，所以食品的硫污染问题非常值得我们消费者重视。许多食物为了卖相好，保质期长，在出售之前都会用硫黄点燃烟熏一下，这种食物是有害健康的。

目前来说，工业硫黄难于监管，正是由于它比较难判断，由于工业硫黄不属于食用物质和食品添加剂，我国目前并没有专门检测食品中是否使用或添加工业硫黄的标准方法。目前只能根据检测残留的二氧化硫含量，来监测其二氧化硫残留量是否符合安全标准。食品加工业是个低附加值的行业，为了减少成本，一些小企业倾向于选择更便宜的非食品级的硫黄进行食品加工。便宜的工业硫黄，也能保证食品染菌率较低，看起来也漂亮。但是这种非食品级的硫黄在使食物美观的同时，也会给我们的身体健康带来一定的危害，那生活中常见的用硫黄熏蒸的食物有哪些呢？我们一起听听程老师是怎么说的。让我们从科学的角度去学习一下，避免在生活中买到硫黄熏蒸过的食物，给身体带来不必要的负担。

在上篇文章中，我们与程老师一同探讨了食物的“硫污染”问题，那程老师，我有个问题想请教您，在我们日常的生活当中，比较常见的硫黄熏制食物有哪些呢？

好的，我们先来说说蔬菜，常见的主要有生姜和木耳等等。

您这么一说我突然想起一事，您看我现在越来越注重养生，每天习惯吃点比如像黑木耳、香菇之类的菌藻食物。可是有一次我通过网购买了点儿黑木耳，买回来之后发现木耳闻起来有股刺鼻发酸的味道。我当时就想这木耳是不是被硫黄熏过的呀？可是我转念一想，黑木耳不像银耳，它应该并不需要二氧化硫来“美白”啊。程老师您说这刺鼻味道到底是不是硫黄的味道呢？

我这儿有一篇福建省出入境检验检疫局的公告，它其中曾经提到过，2011 年被日本通报我国食用菌中主要是二氧化硫的含量超标，其中木耳，包括黑木耳和白木耳，占据所通报食用菌的一半。你刚刚说到木耳的刺鼻味道，很有可能是在木耳烘烤干制加工过程中，当用薰硫脱色或使用煤、油、柴为燃料时，产生的有害气体被木耳吸附，从而造成二氧化硫含量超标（图 30-1），所以木耳闻起来才会有刺鼻发酸的味道。

图 30-1　木耳闻起来刺鼻的原因

原来木耳真的有可能被硫黄熏过啊！

是的，对于木耳的刺鼻酸味，还有一种可能，即市场上有一些不法商贩为了让干木耳变重，会对它们进行二次加工，加一些淀粉、糖、盐等来泡木耳，然后再晒干。这种木耳颜色通体黑亮，非常不自然，而且有刺激性气味。除了生姜和木耳，其实还有一样食物也会被硫黄熏制。

程老师，您快别吊我们胃口了，还有什么食物啊？

这种东西其实在我们日常生活中很常见，尤其是像您一样喜欢烹调的就再熟悉不过了，它是一味香料，八角。刚采摘下的青八角不易保存，传统方法是用开水焯一下，捞出晾晒一周至九成干；但是现在晒两三天至六成干即可，因为可以用硫黄熏。

你这么一说我想起来了，有条新闻就是说在广西，因为它是全国八角主要产区，种植面积和总产量均占全球 85% 左右，但是八角之乡的八角竟然有很多是用硫黄熏制过的。

是的，的确有这样的事情发生。八角对我们来说，其实是个好食材，除了用作香料外，还是具有抗炎、镇痛效果的中药。日常饮食中八角在各类酱料、牙膏、香水中使用广泛，提取的茴油是牙膏、香水不可缺少的原料（图 30-2）。用硫黄熏制的八角，可以破坏植物表层的蜡质，使八角更易干燥，节省了脱水成本，还能防虫防霉，外观也色泽鲜亮，还能卖个好价钱。

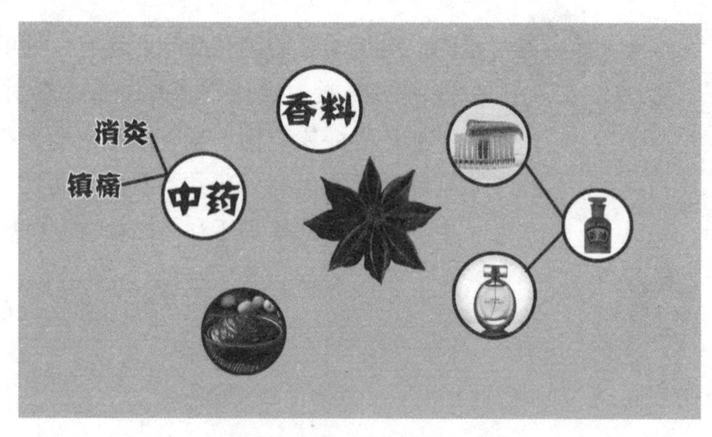

图 30-2　八角在生活中的用途

那程老师，说到这儿我就比较好奇啊，我们国家对这种硫黄熏制的食物有没有什么具体的规定呢？

其实鉴于二氧化硫对人体的严重危害性，各国都制定了一系列标准来严格控制二氧化硫使用量和残留量。国际食品法典委员会（CAC）、欧盟、美国、澳大利亚、新西兰、加拿大等国际组织、国家和地区的法规和标准中均允许二氧化硫用于相应食品类别。国际食品法典（CODEX STAN 212—1999）对食糖中的二氧化硫也做了限量要求，白砂糖中二氧化硫残留量应≤15mg/kg。我国在近年发布的多个版本的食品添加剂使用标准中，硫黄均作为食品添加剂被允许在有限食品类别范围和一定使用量限值内使用。我们国家正式实施的最新国标《食品安全国家标准 食品添加剂使用标准》（GB 2760—2014）规定，硫黄允许被使用的品种及最大使用量是：水果干类 0.1g/kg、蜜饯凉果 0.35g/kg、干制蔬菜 0.2g/kg、经表面处理的鲜食用菌和藻类 0.4g/kg、魔芋粉 0.9g/kg，并且严格规定只限用于熏蒸这一方式。

那面对这么多可能被硫黄污染过的食品，程老师您教教我们有没有小妙招可以帮我们辨别呢？

在这儿我给大家提几条建议，有三个原则：我们要做到一看二闻三品尝。

看：我们在挑选的初期，可以对生姜等可能被熏制过的食品的外观进行一个大概的目测。比如新鲜的生姜表皮呈灰色，并且我们如果轻轻掰下一小块，其姜肉应该呈现出一种较深的黄色（图 30-3）。而熏制过的生姜其表皮会明显泛白，姜肉的颜色也会比正常的姜要明亮不少，虽然卖相很好，但是大家买的时候更要仔细辨别。像鱿鱼丝，正常的鱿鱼丝表面呈现的是暗紫色或者暗褐色，如果是外观雪白的鱿鱼丝，大家就要注意了，这种鱿鱼丝可能被硫黄熏过。

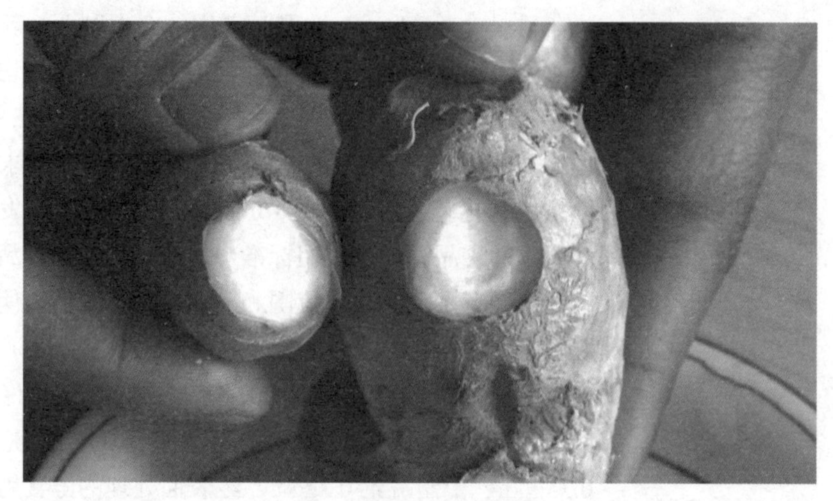

图 30-3　生姜的颜色

第一点是要学会看，那第二点呢？

第二点就是闻：硫黄熏制的产品，即使保存很长时间，其仍然会残留一定的硫黄的气味，我们可以用鼻子仔细闻闻食品散发出来的味道。比如生姜呈现出的应该是姜本身散发出的香味，而鱿鱼散发出的应该是海鲜特有的咸鲜味。如果大家闻到的气味刺鼻，有酸味或者其他异味的话，这样的食物就不要购买了。

我觉得这一点比较好判断，如果有刺鼻的气味，那就要当心不要买了，还有吗？

如果大家不相信自己的鼻子或者眼睛的话，那么可以试吃一下。生姜本身的味道是辛辣的，用硫黄熏过的食品，不仅仅吃起来会有一点刺激的感觉，同时食物原本的味道也会淡很多。人们吃这类食物，感觉可能并不会那么有滋有味。同样尝八角的时候，如果舌头感觉稍有刺激、辣味或味道改变，您就要警惕可能是硫黄熏蒸过的八角。

安全提示

如何避免买到被硫黄污染过的食品：一看，表面太白的食品要小心；二闻，有刺鼻气味的食品要小心；三尝，有刺激感觉的食品要小心。

那我们如果购买到可能被硫黄熏制的食物，有没有什么方法可以去除食物中的二氧化硫啊?

首先，我们应该尽量不购买那些被二氧化硫美容过的食品，如雪白的银耳、鲜红鲜绿的水果片、晶莹漂亮的蜜饯、放几天也不会变色的浅色蘑菇等等。另外，我们可以经过适当的烹饪方法去除其中的大部分。

安全提示

在烹饪时，对可能用硫熏的食物，最好经过多次换水浸泡，或者沸水加热来去除其中的二氧化硫。

一项研究数据表明，加热时间越长、温度越高或者浸泡时间越长、换水次数越多，黄花菜中二氧化硫残留率越小。在 100℃沸水中加热黄花菜 6 分钟后，可以去除大约 80% 的二氧化硫。这是因为高温能够使得二氧化硫挥发逸出，而换水 3 次，每次浸泡 90 分钟，也可以去除大约 80% 的二氧化硫。

大家一定要记住程老师教给的这几个小妙招，科学地避免二氧化硫伤害我们的身体健康。

感谢以下单位和机构提供政策专业技术支持

（排名不分先后）

国家食品药品监督管理总局

中国疾病预防控制中心

国家食品安全风险评估中心

山西省卫生和计划生育委员会

山西省食品药品监督管理局

山西省疾病预防控制中心

太原市卫生和计划生育委员会

太原市食品药品监督管理局

中国食品科学技术学会

山西省科学技术协会

中华预防医学会医疗机构公共卫生管理分会

中国卫生经济学会老年健康专业委员会

中国老年医学学会院校教育分会

山西省食品科学技术学会

山西省科普作家协会

山西省健康管理学会

山西省卫生经济学会

山西省药膳养生学会

山西省食品工业协会

山西省老年医学会

山西省营养学会

山西省健康协会

山西省药学会

山西省医学会科学普及专业委员会

山西省预防医学会卫生保健专业委员会

山西省医师协会人文医学专业委员会

太原市药学会

太原广播电视台

山西鹰皇文化传媒有限公司

山西医科大学卫生管理与政策研究中心